U0142781

# 超圖解

# 行銷管理 第二版
## 61堂必修的行銷學精華

戴國良 博士 著

迅速掌握行銷精華，晉升專業人才！

五南圖書出版公司 印行

# 作者序言

## 一、行銷管理的重要性

「行銷管理」是大學商管學院及傳播學院的必修課，在企業實務工作上，亦扮演著非常重要的角色及地位。

「行銷管理」涵蓋：如何打造優質產品力、如何提高品牌力、如何訂出好價格、如何做好推廣宣傳力、如何做好服務力、以及如何做好通路上架力。涵蓋如此多方面的知識與實務經驗，可說是一門重要的課程。

在企業實務上，行銷與業務可說是一體兩面。透過這二個部門的通力合作，才能創造出公司最終的好業績及好獲利。

## 二、本書 61 堂課的由來

本書行銷學精華的 61 堂課，其主要由來，係筆者從下列各種管道中，綜合篩選出來的最重要 61 堂課知識與實戰經驗。這些來源管道如下：

1. 動腦雜誌（行銷類雜誌）。
2. 商業周刊。
3. 今周刊。
4. 天下雜誌。
5. 經濟日報。
6. 工商時報。
7. 網路報導。
8. 動腦演講會。
9. 行銷學教科書。
10. 筆者認識的行銷經理人。
11. 筆者過去工作實務經驗體會。
12. 在學術界的行銷研究心得。

### 三、本書特色

本書有以下特色：

1. 超圖解方式表達：以各種圖型、圖案、流程圖及表格方式表達的行銷學書籍。超圖解方式使讀者們的閱讀能夠快速且一目了然，加快吸收閱讀效果。
2. 內容完整且為重點精華：本書計有 28 章、61 堂課的完整與豐富內容，而且都是重要且精華；讀完此書，大概就可成為一位全方位的專業行銷經理人。
3. 國內最好的一本本土行銷學：本書所講內容、所引用案例，都是國內本土公司，完全從本土觀點來論述行銷學的知識與實戰經驗，可說是國內最好的一本本土行銷學。
4. 歸納出重要行銷觀念及關鍵字：最後一章歸納出最重要與最核心的行銷觀念、行銷關鍵字以及行銷致勝的黃金守則等重點，也是本書的核心精華所在。

### 四、適合閱讀的人

基層行銷人員或是無行銷知識的人員，閱讀本書，將很快掌握住行銷精華，並成為行銷專業人才。

此外，想要晉升為公司中、高階的主管們，也必須要有一般性的行銷知識及行銷概念，才能帶領公司做好業績成長及獲利提高。

當然，本書也很適合大學授課行銷學、行銷管理的各位老師們，做為學生上課的教科書。

### 五、感恩、感謝與祝福

本書的順利完成，衷心感謝我的家人、廣大讀者們以及五南圖書出版公司的編輯們。由於大家的鼓勵及加油，使得本書能以全新面貌及獨特風格呈現。尤其在撰寫當中，獨自一人坐在書桌上，要維持這一份耐力與毅力，實是一份不簡單的事情。

## 六、人生勉語

最後，有幾句日常喜歡的座右銘，提供各位參考：

1. 反省自己，感謝別人。
2. 在變動的年代裡，堅持不變的真心相待。
3. 以行動證明：做自己，路更廣。
4. 堅持做喜歡的事，才會有好成果。
5. 有慈悲，就無敵人；有智慧，就無煩惱。
6. 滿招損，謙受益。
7. 力爭上游，終必有成。
8. 確立人生目標，全力以赴。
9. 成功職涯方程式＝努力＋進步＋貢獻＋人脈存摺＋終身學習＋熱情。

最後，祝福各位擁有一個成長、成功、健康、欣慰、滿足、平安與美麗的人生旅程，在每一分鐘的光陰中。

作者　戴國良
於臺北
taikuo@mail.shu.edu.tw

# 目錄

# Chapter 1

# 顧客、顧客、還是顧客

# 第 1 堂課：以顧客為核心，堅持顧客導向

## 一、顧客導向的涵義

顧客導向 (Customer Orientation) 有如下深度的涵義：

1. 要以滿足顧客需求，解決顧客的問題為優先，並為他們創造更美好生活。
2. 要站在顧客觀點及立場，融入他們的情境，設身處地為他們著想。
3. 要永遠走在顧客前面幾步，領先顧客的步伐。
4. 要比顧客還要了解顧客。
5. 要為顧客創造更多的生活價值及人生價值感。
6. 要製造出顧客想買的、需要買的優質產品出來；不要為了製造而製造。
7. 發薪水給員工的，不是老闆而是顧客。
8. 要永遠把顧客放在利潤之前，先有顧客，才會有利潤。
9. 滿足顧客的路途，永遠沒有止境的一天。
10. 唯有顧客，才能帶動公司的營收，也才能帶來公司的獲利。
11. 公司存在的根本點，就是在於創造顧客。

### 圖 1-1　顧客導向的涵義

| | | | |
|---|---|---|---|
| **1** | 顧客第一！顧客至上！ | **4** | 要滿足顧客需求及問題，為顧客創造更美好生活 |
| **2** | 滿足顧客的路途，永遠沒有止境 | **5** | 要永遠把顧客放在利潤之前 |
| **3** | 要永遠走在顧客的最前面 | **6** | 要比顧客還要了解顧客 |

## 二、如何實踐顧客導向

實踐顧客導向,可從以下幾種方法做起:

1. **POS 資訊系統**:從總公司的 POS 資訊系統中,可以了解什麼商品、什麼品牌銷售最好及最差;依據每天的 POS 銷售資料做機動調整。

2. **定期市調**:公司可以定期做市調,以了解顧客未來的潛在需求及期待是什麼,而做對策。

3. **第一線人員意見**:位於各門市店及專櫃面前的第一線營業人員及服務人員是最了解顧客意見及需求的人,可搜集第一線人員的意見,納入思考及修改政策。

4. **行銷人員意見**:總公司行銷企劃人員也會走出辦公室,走到各種賣場去搜集顧客意見、看法及需求;也會看到競爭品牌如何作法。

5. **經銷商反應意見**:全臺各縣市經銷商也會搜集各種顧客的反應意見,提供給總公司營業部人員參考。

6. **填寫問卷**:有些餐廳、銀行、百貨公司也會在店內留置顧客滿意度問卷填寫調查,也可以加以搜集及分析;例如,王品餐飲集團每個月就回收 80 萬張問卷回覆。

7. **委託神祕客調查**:不少服務業都會委託神祕客進入店內消費及調查,以親身見證各項服務滿意度。

**圖 1-2　如何實踐顧客導向**

| 1 運用 POS 資訊系統 | 6 顧客店內填寫問卷 |
| 2 定期市調 | 7 委託神祕客調查 |
| 3 搜集第一線人員意見 | 8 在 FB/IG 粉絲專頁上做市調 |
| 4 搜集行銷人員意見 | 9 開發新產品的顧客思維 |
| 5 搜集經銷商反應意見 | 10 社群聆聽 |

8. **FB/IG 官方粉絲專頁**：由於社群媒體發達，現在也有不少企業透過 FB、IG 的官方粉絲專頁做市調，以搜集粉絲們的建議，並加以回應及改善。

9. **開發新產品**：開發新產品時，負責部門一定要先問自己，這是消費者要的嗎？他們願意付多少錢來買？市面上的競爭品牌又如何？

10. **Social Listening**：社群聆聽或網路輿情資料的搜集及分析，也可以找出網路上多數人對品牌的意見、看法及評價。

## 三、哪些企業實踐了顧客導向

茲列舉下列各企業如何實踐顧客導向，獲得顧客好口碑：

1. **統一超商 (7-11)**：成功開發 City Cafe、ibon 買票、網購貨到店取、各式鮮食便當等各種商品及服務，滿足顧客需求。

2. **麥當勞**：不斷開發出各式好吃口味的新漢堡、推動歡樂送（外送）、24 小時營業及數位點餐機。

3. **iPhone 手機**：每年推出 iPhone 改款機型，14 年來，推出 iPhone1 到 iPhone13 機型，滿足顧客需求。

4. **momo 網購**：全臺投資設立 35 個大、中型物流倉儲中心，能夠將網購商品於 24 小時快送到顧客家中，臺北市則 6 小時可送到。另外，商品總品項超過 200 萬個品項，大大滿足顧客需求。

5. **寶雅**：全臺最大彩妝品、保養品及生活百貨連鎖店，具有一站購足的便利性，可滿足顧客需求。

6. **foodpanda 及 Uber Eats**：近幾年崛起的 30 分鐘內，快送美食、生鮮、雜貨到家的新型態服務業，頗受宅在家顧客的歡迎。

7. **dyson 吸塵器**：代理商恆隆行推出高檔 dyson 吸塵器，受到中高所得族群歡迎，並享有 24 小時內完修的售後服務，可滿足顧客需求。

8. **和泰 TOYOTA 汽車**：推出高價位、中價位及平價位的 TOYOTA 各型車款，頗受各所得層顧客的歡迎，可滿足顧客需求。

9. **迪卡儂**：迪卡儂為國內大型運動用品及健身用品的量販店，具有一站購足的便利性，可滿足顧客需求。

10. **家樂福**：國內最大量販連鎖店，店內有 4 萬多品項，比超市品項多出 4 倍，具有一站購足的好處，可滿足顧客對日常消費品、生鮮品、乾貨品等之購買需求。

11. **禾聯**：禾聯為國內本土最大家電廠商，其平價、高品質液晶電視機市占率第一，可滿足顧客的庶民經濟需求。

12. **全聯超市**：全臺約 1,100 家店，為全臺最大連鎖超市，經常設在巷弄之內，

是一家便宜又便利型的超市,可滿足顧客需求。

13. **八方雲集**:提供平價鍋貼及水餃的連鎖店,具有 1,000 家的便利性,可滿足顧客需求。

14. **石二鍋**:王品集團的平價小火鍋,可滿足庶民經濟的需求。

15. **Panasonic**:電冰箱及洗衣機市占率第一的日系高品質且耐用的高檔家電廠商,可滿足高階顧客需求。

16. **路易莎咖啡**:提供平價咖啡連鎖店,可滿足顧客需求。

**圖 1-3 實踐顧客導向,以顧客為第一的企業及品牌**

| 1 | 統一超商 (7-11) | 9 | 迪卡儂運動用品量販店 |
| 2 | 麥當勞 | 10 | 家樂福 |
| 3 | iPhone 手機 | 11 | 禾聯家電 |
| 4 | momo 網購 | 12 | 全聯超市 |
| 5 | 寶雅 | 13 | 八方雲集 |
| 6 | foodpanda 及 Uber Eats | 14 | 石二鍋 |
| 7 | dyson 吸塵器 | 15 | Panasonic 家電 |
| 8 | 和泰 TOYOTA 汽車 | 16 | 路易莎咖啡 |

**問題研討**

1. 請問顧客導向的涵義為何?至少列出 6 項。
2. 請問企業應如何實踐顧客導向?請列出 10 種方法。
3. 請列舉哪些企業實踐了顧客導向?請列出至少 3 家。

# 第 2 堂課：VOC 傾聽顧客聲音

## 一、什麼是 VOC？

所謂 VOC (Voice of Customer)，即是指要用心傾聽顧客心聲，抓住顧客需求、盼望、喜愛及期待，並快速予以滿足、滿意。

---

**圖 2-1　什麼是 VOC？**

VOC ?

Voice of Customer

- 用心傾聽顧客心聲
- 快速滿足顧客需求、盼望、喜愛及期待
- 帶給顧客更美好生活

---

## 二、哪些企業做到了 VOC？

有不少企業真正落實 VOC，不斷的推陳出新，不斷給顧客新的滿足及滿意，例如：

1. 7-11：推出 City Cafe、鮮食便當、網購店取、大店化、餐桌化、ibon 買票機等諸多滿足顧客潛在需求的各式產品及服務。
2. **麥當勞**：推出 24 小時營業、歡樂送、數位點餐機、新口味漢堡、新裝潢門市店等，都符合顧客需求，用心傾聽顧客心聲。
3. iPhone 手機：蘋果 iPhone 手機，每年推出改款手機，在設計上、功能上、色彩上給予變化，滿足想要求新求變求新鮮的一群果粉。
4. **家樂福**：家樂福大店內，商品品項達 4 萬多項，可滿足顧客一站購足的生活與吃的需求。
5. **大樹藥局**：大樹藥局為國內最多店的藥局連鎖店，裡面有各式藥品、保健食品、老年人用品、嬰兒用品、營養品等，非常多元，可滿足顧客對這方面的需求。

6. **中華電信**：全臺成立中華電信直營門市店 450 家之多，方便顧客就近找中華電信門市店辦理事情、買手機、維修手機或繳電信月費等，這種服務便利性，就是做到了 VOC。

7. **優衣庫**：來自日本的優衣庫服飾連鎖店，在全臺達 70 家；它提供平價、高品質的國民服飾，也算是實踐了 VOC。

圖 2-2　實踐 VOC 的企業

1
7-11

7
優衣庫服飾店

2
麥當勞

6
中華電信

3
iPhone 手機

5
大樹藥局

4
家樂福

### 三、如何做好 VOC ？

那麼，企業究竟該如何做好 VOC 呢？可有以下作法：

1. **客服中心**：0800 客服中心，平常就會有顧客打電話來詢問、抱怨、讚美、建議或表達內心想法／看法，這些都是很寶貴的資料，每週、每月應該將它們好好搜集、記錄、形成報告，然後再轉交給相關部門追辦，以及開會報告執行進度。

2. **第一線人員**：從各直營門市店、各加盟店、各專櫃、各專賣店、各經銷店的店長及店員第一線人員，亦可以搜集到顧客的意見、需求或建議，這些都是第一線人員傾聽顧客心聲的好管道來源。公司總部每個月應該召開第一線人員意見表達會議，才能落實 VOC。

3. **各縣市經銷商**：公司產品銷售管道，也有不少是透過各縣市代理商或經銷商銷售出去的，因此，可以說經銷商也很了解當地區的市場狀況及顧客意見，因此，每月或每季要打一次電話，諮詢這些地方經銷商老闆們的看法與意見；每年一次要舉辦全臺經銷商大會討論事情。

4. **焦點座談會**：每半年或每年一次，可舉辦顧客的焦點座談會（稱為 FGI，Focus Group Interview），從質化深入討論中，可以聽到顧客內心的想法、看法、需求、意見、建議、感受等，是很好實踐 VOC。

5. **問卷調查**：有時候，為求取較多份數的調查數據時，可以採取問卷調查法，以搜集顧客的量化資料。包括：網路 Email 調查法、手機問卷調查法、直接打電話問卷調查法或門市店內問卷調查法等 4 種方法均屬可行。這種量化問卷調查法，亦可從各種數字及百分比中，看出顧客的意見、評價、需求、期待、滿意度、正評／負評……等各種重要結果出來。

6. **粉絲專頁**：此外，現在也流行從 FB/IG 官方粉絲專頁中，提出詢問粉絲的意見，然後再詳看粉絲們的回覆看法，以表示公司對粉絲意見的重視。

7. **零售商採購人員**：最後，公司還可以電話詢問零售商採購人員的看法及意見，由於這些採購人員掌握各家品牌的銷售狀況，也可以得到一些市場資訊情報及顧客情報。

---

**圖 2-3　如何做好傾聽顧客心聲**

| **1** 向客服中心搜集顧客資料 | **2** 向門市店、專櫃第一線人員搜集顧客資料 | **3** 向各縣市經銷商搜集顧客資料 | **4** 舉辦焦點座談會搜集顧客資料 |
|---|---|---|---|
| **5** 由問卷調查中搜集顧客資料 | **6** 由粉絲專頁中搜集顧客資料 | **7** 向零售商採購人員搜集顧客資料 |  |

**問題研討**

1. 何謂 VOC ？請說明之。
2. 哪些企業做到了 VOC ？至少列出 3 家企業。
3. 請問如何做好 VOC ？

# 第 3 堂課：顧客利益點 (Customer Benefit)

**一、產品的 3 個層次**

認真講起來，產品應該有 3 個層次，如下：

1. **第一層**：核心產品（利益點）。
2. **第二層**：實質產品（功能、包裝、外觀、組成）。
3. **第三層**：服務性產品（物流配送、分期付款、售後服務、保證）。

**圖 3-1　產品的 3 個層次**

第一層，也是最內層，就是此產品帶給消費者或顧客的利益點是什麼，這是最重要的。

## 二、顧客利益點的二大種類內容

顧客利益點可從二大種類內容來看待，如下：

**( 一 ) 功能、物質面向的利益點：**

1. 水果、冰淇淋、速食漢堡、王品／瓦城餐廳：很好吃、好好吃。

2. 優衣庫／ NET 服飾：很好穿、很耐穿、很平價。

3. Panasonic、SONY、象印、禾聯、日立、大金家電：品質很好、高品質、很耐用、不易壞、壽命很長、很好用。

4. iPhone 手機：品質很高、很好用。

5. TOYOTA 汽車：很好用、價格中等、耐開、不易故障、有保證、車型好看。

6. SK-II、蘭蔻、雅詩蘭黛：很美白、濕度夠、能抗老、能保青春美麗。

7. 普拿疼：能迅速解決頭痛、很有效。

8. momo 網購：品項好多（300 萬品項）、價格低廉／實在、物流宅配很快速／一天就到家。

9. 全聯超市：全臺 1,100 家店、很方便找到、價格便宜、能省錢、在家附近。

10. 善存：維他命、益生菌、葉黃素、吃了有效果、幫助消費者的健康。

11. 飛柔、潘婷、多芬洗髮精：頭髮洗了，長髮飄飄、柔細護髮、增添亮麗頭髮。

**( 二 ) 心理面向的利益點：**

1. 歐洲名牌精品：例如 LV、GUCCI、HERMÈS、CHANEL、Cartier……等，帶給顧客的尊榮感、虛榮心、愛面子、華麗感、榮譽、比別人高一等等心理面向的利益點。

2. 歐洲名牌汽車：賓士、BMW、瑪莎拉蒂、法拉利、勞斯萊斯等。

3. 歐洲名牌手錶：勞力士、伯爵錶、百達翡麗錶……等。

4. 歐洲名牌鑽石：Cartier（卡地亞）、寶格麗……等。

**圖 3-2** **顧客利益點（功能面／物質面）**

**1** 王品／瓦城餐廳：很好吃

**2** 優衣庫／NET 服飾：很好穿、很耐穿、很平價

**3** Panasonic、日立、象印、SONY 家電：高品質、不易壞、很好用

**4** iPhone 手機：品質很高，很好用

**5** TOYOTA 汽車：很好開、不易故障、價格中等

**6** SK-II、蘭蔻保養品：很美白、能抗老、青春美麗

**7** 普拿疼：很快消解頭痛問題

**8** momo 網購：品項好多、價格低廉、物流宅配速度快

**9** 全聯超市：全臺 1,100 家，很方便找到、價格便宜、能省錢

**10** 善存維他命、益生菌：能保健、有效果

**11** 飛柔洗髮精：保護髮質、亮麗頭髮

帶給顧客功能面／物質面的各種利益點！

**圖 3-3** 顧客利益點（心理面）

| 1 歐洲名牌精品 | 2 歐洲名牌汽車 | 3 歐洲名牌手錶 | 4 歐洲名牌鑽石 |
|---|---|---|---|

帶給顧客高人一等的虛榮心、
尊榮感、愛面子的心理面利益點！

### 三、顧客利益點如何做到

1. 廠商在產品研發及設計階段，就要想到此產品到底能為顧客帶來什麼樣的利益點？顧客會因為這些利益點而來買此產品嗎？這些利益點為顧客解決了哪些生活上的問題及痛點呢？

2. 此階段，研發部、商品開發部、設計部、採購部、行銷部、業務部、製造部等多個單位，就要共同討論，大家集思廣義、腦力激盪，共同找出真正對顧客有好處的利益點出來。

**圖 3-4** 各部門共同討論找出顧客真正需要的利益點

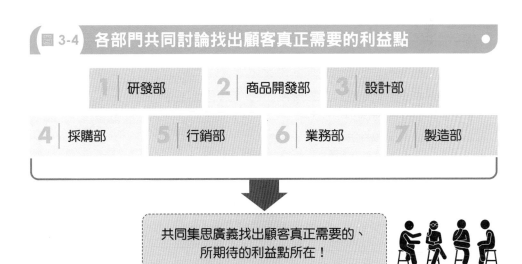

| 1 研發部 | 2 商品開發部 | 3 設計部 |
|---|---|---|

| 4 採購部 | 5 行銷部 | 6 業務部 | 7 製造部 |
|---|---|---|---|

共同集思廣義找出顧客真正需要的、
所期待的利益點所在！

四、顧客利益點的條件

廠商對顧客利益點要努力做到哪些條件呢？主要有 4 點：

1. 這個利益點，確實是顧客內心想要的、需求的、期待的真正利益點。
2. 這個利益點，必須做的比其他競爭品牌更好、更棒、更快、更有效果、更好用、更強大才行。
3. 這個利益點，必須是高品質的、能實現的利益點。
4. 這個利益點，必須透過適當廣告宣傳，把它傳播出去，給更多消費者知道它、認同它及購買它、相信它。

**圖 3-5　顧客利益點的條件**

1　確實是顧客想要的、需求的、期待的真正利益點

2　必須做的比其他競爭品牌更好、更棒、更有效果才行

3　是高品質的、能實現的

4　必須適當廣告宣傳，讓消費者知道它、認同它、相信它

讓本公司品牌的顧客利益點，能夠產生好的效果！

**問題研討**

1. 請說明產品的 3 個層次為何？
2. 請說明顧客利益點的二大類為何？
3. 顧客利益點如何做到？
4. 顧客利益點應做到哪些條件？

# 第 4 堂課：發現需求、滿足需求、創造需求

## 一、近幾年來，「發現需求」的案例

近幾年來，在市場上，被業界創新發現消費者需求的案例有不少，如圖 4-1 所示。

**圖 4-1　近幾年來，發現需求的案例**

| | |
|---|---|
| 1 電動機車（gogoro、光陽） | 11 LINE 聊天、電話、視訊功能 |
| 2 電動汽車（特斯拉） | 12 NET、優衣庫平價服飾 |
| 3 舒酸定牙膏 | 13 滴雞精（熬雞精）（娘家、老協珍、白蘭氏） |
| 4 燕麥飲（桂格、純濃燕麥） | 14 葉黃素（保護眼睛） |
| 5 寶雅連鎖店 | 15 益生菌（對腸道好處） |
| 6 outlet（大型暢貨購物中心）（日本三井） | 16 變頻冷氣（大金、日立、Panasonic） |
| 7 電商（網購）（momo、蝦皮） | 17 All in One 保養品 |
| 8 網購到店取貨（7-11、全家） | 18 藥局連鎖店崛起（大樹） |
| 9 foodpanda 及 Uber Eats 快送美食 | 19 手搖飲崛起 |
| 10 iPhone 手機（4G、5G 手機） | 20 量販店（一站購足）（家樂福、好市多） |

## 二、如何「發現」及「創造」需求之作法

企業界可有幾種方法，去做好如何發現及創造消費者的需求作法，如圖 4-2
所示。

圖 4-2 **如何「發現」及「創造」消費者需求之作法**

**1** 仿照臺灣 Panasonic 家電公司，成立「消費者生活研究中心」，專責對消費者需求的發現及應對措施

**2** 在公司內部責成行銷部及業務部、商品開發部共同負責此事，並定期提出相關報告會議討論

**3** 相關部門要主動多了解外在環境及消費者的變化及趨勢，並做好洞察

**4** 商品開發小組應主動提出各種創新產品構想，並小規模上市測試

**5** 客服中心也會收到很多顧客的建議及抱怨，均可加以分析及討論

**6** R&D 研發部門應努力從尖端科技面及技術面的突破，以帶動需求被創造

## 三、發現、滿足、創造需求 3 部曲

總之，企業界應透過上述 6 種作法，有效的實踐：發現需求、滿足需求及創造需求等 3 部曲，然後，即可有效的拉高業績、增加獲利，邁向市場上的領導品牌。例如：

1. 最近二、三年來，如奇蹟般崛起的 foodpanda 及 Uber Eats 二家美食快送及生活雜貨快送，就是一種發現、滿足、創造需求 3 部曲的最佳案例。

**圖 4-3　發現、滿足、創造需求 3 部曲**

**1** 提早
→ **2** 快速
→ **3** 主動

發現需求 → 滿足需求 → 創造需求

・ 有效拉高業績收入！
・ 增加獲利水準！
・ 邁向市場領導品牌！

2. 再如，最近一年來，全球及臺灣最火紅的產業變化，即是「電動車」的大幅崛起及被賦予很大成長展望。這也是一種發現、滿足及創造需求的甚好案例。

**圖 4-4　近一、二年快速崛起的創造需求案例**

**1** foodpanda 及 Uber Eats 快送美食及生活用品

**2** 電動車（美國特斯拉及臺灣鴻海與裕隆合作）

・ 發現需求
・ 滿足需求
・ 創造需求

創造新市場、新產值、新營收、新獲利

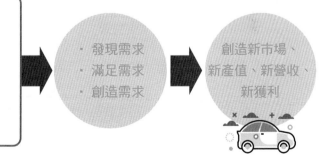

**問題研討**

**1.** 請列出近幾年來，發現需求的至少 5 個案例。
**2.** 請列出如何發現及創造需求的作法為何？

# 第 5 堂課：消費者洞察 (Consumer Insight)

## 一、何謂 Consumer Insight

即品牌廠商做行銷時，應預先做好對 TA（目標消費族群）(Target Audience) 的分析、洞悉、洞察及發現，才能做好對 TA 的需求滿足及期待滿足，以及為 TA 解決生活問題，帶來更美好的生活。

### 圖 5-1　Consumer Insight 的意義

做好對 TA 的洞悉及發現

才能滿足對 TA 的需求滿足及期待，帶來更美好生活！

## 二、洞察消費者的六大面向

那麼廠商要洞察消費者哪些面向？如下：

1. 洞察他們內心／內在／潛在的需求是什麼？期待是什麼？想要什麼？喜歡什麼？
2. 洞察他們在不同時間、不同階段、不同年齡層及不同環境下的需求變化為何？
3. 洞察他們的消費行為、購買行為及通路行為如何？
4. 洞察他們的媒體行為如何？
5. 洞察他們的消費價值觀如何？
6. 洞察他們的興趣、偏好、喜愛的變化如何？

圖 5-2 洞察消費者六大面向

**1**

洞察內在及潛在的
需求是什麼？想要
什麼？

**2**

洞察在不同環境下
需求的變化？

**6**

洞察他們的興趣、
偏好及喜愛如何？

**3**

洞察消費行為及通
路行為如何？

**5**

洞察消費價值觀如
何？

**4**

洞察媒體行為如
何？

- 掌握消費者六大面向
- 做好應對消費者
- 才能成功行銷產品

### 三、哪些公司要做好消費者洞察

主要有四大類公司要做好消費者洞察，如圖 5-3 所示。

**圖 5-3　四大類公司要做好消費者洞察**

洞察 **1**　品牌廠商（做好消費者要的真正好產品）

洞察 **2**　廣告公司（做好吸引人、叫好又叫座的廣告創意）

洞察 **3**　媒體代理商（做好曝光率最高效果的媒體企劃／採購）

洞察 **4**　各種零售通路公司（做好如何找到可以暢銷的商品）

做好消費者洞察，
才能經營成功！

### 四、如何做好消費者洞察

1. 責成行銷企劃部專責專人負責此事。
2. 每月一次由行企部提出一次報告會議，供各一級主管討論及共識形成，並做好應對決策。
3. 相關單位則共同參與協助，例如：業務部、商品開發部、設計部、客服中心、物流部、會員經營部、專櫃部、門市部等。

圖 5-4 　如何做好消費者洞察

如何做好
消費者洞察

由行銷企劃部
負總責，其他
部門協助

問題研討

1. 何謂 Consumer Insight ？
2. 請列出洞察消費者的六大面向為何？
3. 請問如何做好消費者洞察？

# Chapter 2

# 抓住環境趨勢變化與
# 抓住新商機

# 第 6 堂課：外部環境分析與抓住趨勢變化、新商機

## 一、近 10 多年來的新趨勢變化及新商機

近 10 多年來，外部環境變化產生了很多的新趨勢變化及新商機，如下：

1. **智慧型手機**：15 年前，美國 Apple 蘋果公司最新推出第一款智慧型手機，轟動全球，也改變了全人類無線通訊的世紀革命，帶給全人類更美好生活，也帶給 Apple 公司更賺錢的新商機。

2. **電動汽機車**：近 5 年來，電動機車及電動汽車蓬勃發展，美國特斯拉 (Tesla) 電動汽車，還有臺灣 gogoro 電動機車均有很好發展。

3. **電商網購**：近 10 年來，全球及臺灣電商網購快速發展，取代了一部分的實體零售店內購買；例如 momo 網購、PChome、蝦皮網購，均成為網購新時代的新商機掌握者。

4. **餐飲連鎖**：近 10 年來，國內餐廳快速成長，冒出來很多成功的經營業者，例如：王品、瓦城、豆府、築間、漢來美食、欣葉……等知名餐廳，各供臺式、日式、中式、西式、義式、韓式等多種不同口味，好吃的餐廳新商機。

5. **便利商店大店化**：近 5 年來，便利商店連鎖店也出現大店化／餐桌化的大改變，為便利商店帶來更多鮮食便當及咖啡外帶的新商機。

6. **家電省電化**：由於變頻家電的技術突破，使得冷氣機、電冰箱都朝變頻省電化方向走，也帶來新一波的家電新商機。

7. **手遊**：由於宅經濟發展配合智慧型手機發展，手遊（手機遊戲）新商機也展現出來，一些年輕人喜歡上手遊娛樂。

8. **美食外送**：近 3 年來，foodpanda 及 Uber Eats 二家提供美食外送／快送的服務業者快速崛起，搶占了這些新商機，也方便不少消費者。

9. **outlet**：近 5 年來，大型 outlet 購物中心崛起，形成百貨公司的競爭對手；例如林口三井 outlet、桃園華泰 outlet、台中三井 outlet 等。

10. **美妝／生活百貨店**：最新出現的寶雅美妝／生活百貨店，以區別屈臣氏、康是美的店型，亦成功抓住此領域新商機。寶雅也順利上市成功，並有高股價表現。

11. **晶片半導體**：近 1、2 年全球晶片半導體供不應求，台積電、韓國三星、臺灣聯電都成為當紅炸子雞，營收及獲利都大幅成長，股價也上升不少，

帶來晶片半導體全球新商機。

12. **LINE 通訊**：近 7 年來，LINE 無線通訊的出現，大大改變消費者的生活及工作，尤其每個人都在手機 LINE 溝通，方便消費者，使每個消費者人人手機不離手，也帶動 LINE 不少新商機。

13. **FB/IG/YT 社群媒體**：近 10 多年來，每個人幾乎都已被 FB、IG、YT 的三大社群媒體所黏住，這也帶來不少的社群廣告及數位廣告的賺錢新商機，甚至大大影響傳統媒體廣告量及難以存活下去。

14. **茶飲料**：近 10 多年來，茶飲料已成為飲料業的主流產品，特別是無糖茶飲料也大量推出，形成飲料業新商機。

15. **手搖飲**：近 10 多年來，手搖飲連鎖店大量推出，例如：50 嵐、清心福全、珍煮丹、一芳水果茶、日出茶太、歇腳亭……等諸多品牌，大力搶攻手搖飲市場。

16. **超市連鎖**：20 年來，國內第一大超市全聯福利中心加速展店到 1,100 家之多，到處可看到全聯超市的招牌，全聯亦抓住了超市連鎖經營新商機。

**圖 6-1　近 10 多年新趨勢、新商機崛起**

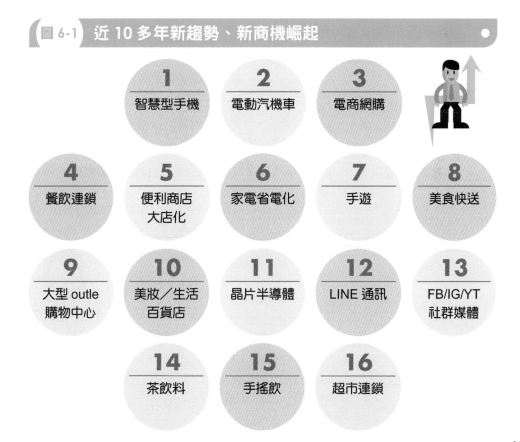

## 二、外部環境變化的種類

外部環境變化，大致可區分為以下 18 種環境變化，如圖 6-2 所示。

### 圖 6-2　18 種外部環境變化

| | |
|---|---|
| **1** 科技環境變化 | **10** 物流快速環境變化 |
| **2** 經濟景氣環境變化 | **11** 產業環境變化 |
| **3** 少子化環境變化 | **12** 競爭環境變化 |
| **4** 老年化環境變化 | **13** 外食需求環境變化 |
| **5** 環保要求環境變化 | **14** 外送／外帶環境變化 |
| **6** 社會文化環境變化 | **15** 旅遊風潮環境變化 |
| **7** 單身／單親環境變化 | **16** 庶民經濟環境變化 |
| **8** 宅經濟環境變化 | **17** OTT 串流影音環境變化 |
| **9** 政治環境變化 | **18** FB、IG、YT 社群媒體環境變化 |

### 三、掌握環境變化的作法

　　企業到底如何作才能夠抓住並掌握外部環境變化對該企業所帶來的商機或威脅？一般中大型企業均會有如此作法：

1. **成立專責小組及成員**：大型企業會成立跨部門的專責小組或專責委員會，由專責成員來負責此方面的事情。任何事情的推動，必須要有專責單位及專責人員推動，才會成功，否則會沒有人主動積極負責。

2. **定期開會討論**：此專責小組或委員會，必須規定每個月或機動式及召開小組會議，提出報告專題，並進行討論及決議。

**圖 6-3　掌握環境變化的作法**

**① 成立專責小組及專責成員負責**

**➕**

**② 定期開會或機動開會討論及決議**

**問題研討**

1. 請列出近 10 多年來的市場新趨勢與新商機。（至少 5 項）
2. 請列出外部環境的種類。（至少 10 項）
3. 請列出企業應該如何掌握環境變化的作法。

# 第 7 堂課：SWOT 經營分析

### 一、何謂 SWOT 分析

1. 企業界所謂的 SWOT 分析，就是指：公司有哪些優勢／劣勢的分析，以及公司面臨哪些外部環境的商機與威脅。

2. S：Strength（優勢、強項）
   W：Weakness（劣勢、弱項）
   O：Opportunity（機會、商機）
   T：Threat（威脅、不利點）

3. S/W：盤點自己公司的優劣勢、強弱項，以及如何發揮公司自己的優勢及強項，以贏得市場。

4. O/T：公司應如何掌握外部環境的新商機、新機會點，以及如何避掉外部的威脅點及不利點。

---

**圖 7-1　何謂 SWOT 分析（之 1）**

| 內部環境 | 外部環境 |
|---|---|
| S： 盤點公司的優勢及強項<br>W： 分析公司的劣勢及弱項 | O： 掌握外部環境的機會<br>T： 避掉外部環境的威脅 |

- 使企業能贏得市場！
- 使企業能掌握新契機！

圖 7-2 何謂 SWOT 分析（之 2）

**S**

優勢

Strength
（優勢、強項）

**W**

劣勢

Weakness
（劣勢、弱項）

**O**

商機

Opportunity
（機會、商機）

**T**

威脅

Threat
（威脅、不利點）

**二、盤點公司優劣勢的面向**

　　企業如何盤點公司有哪些優劣勢呢？主要可以從圖 7-3 所示的 17 個面向分析。

**圖 7-3 盤點公司優劣勢的 17 個面向**

| 1 人才面 | 2 品牌面 | 3 先入市場 |
|---|---|---|
| 4 研發與技術 | 5 設計面 | 6 生產／製造面 |
| 7 門市店數量 | 8 物流中心 | 9 規模經濟 |
| 10 銷售人員面 | 11 行銷宣傳面 | 12 通路陳列 |
| 13 市占率 | 14 已上市櫃 | 15 財務資金能力面 |
| 16 全球化布局 | 17 員工薪資福利與分紅獎金 | |

Chapter 2

抓住環境趨勢變化與抓住新商機

## 三、商機與威脅的面向

企業面對外部環境所產生的商機與威脅，主要有以下幾個面向，如圖 7-4 所示。

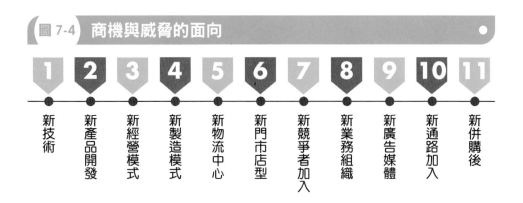

圖 7-4　商機與威脅的面向

| 1 | 2 | 3 | 4 | 5 | 6 | 7 | 8 | 9 | 10 | 11 |
|---|---|---|---|---|---|---|---|---|----|----|
| 新技術 | 新產品開發 | 新經營模式 | 新製造模式 | 新物流中心 | 新門市店型 | 新競爭者加入 | 新業務組織 | 新廣告媒體 | 新通路加入 | 新併購後 |

## 四、如何抓住商機及避掉威脅

具體來說，企業應該如何作，才能抓住商機及避掉威脅呢？主要有下述三種作法：

1. **成立專責部門及專責人員**：企業內部組織，必須成立專責單位及專責人員負責；通常，大企業組織內部，都會設立「經營企劃部」或「企劃部」，成員以 MBA 企管碩士為主力，這些人員就是偵測、分析、洞悉、抓住外部環境變化的重要人員。
2. **每月提出一次 SWOT 分析報告**：經營企劃部每個月都應該提出一次近期內的 SWOT 分析報告及對策建議，給所有公司一級主管聆聽討論之用，並請高階主管下決策及指示。
3. **來自老闆的經驗與直覺**：最後，很多大公司且有經驗的老闆們、董事長們，也會有自己的看法、意見、洞察及分析；然後，在每月一次的報告會議中，提出討論、指示與決定。

圖 7-5　如何抓住商機及避掉威脅

**1**

成立專責部門及專責人員（由經營企劃部負責）

**2**

每月提出一次 SWOT 分析報告及開會討論

**3**

來自老闆的經驗與直覺，提出指示與討論

**問題研討**

1. 何謂 SWOT 分析？
2. 請列出盤點公司優劣勢的面向為何？至少列出 10 項。
3. 請問企業應如何做，才能抓住商機及避掉威脅？

# 第 8 堂課：小眾行銷與小眾經濟

## 一、大眾行銷已不再

行銷走到現在，大眾市場已經成為過去式了，現在是分眾市場、利基市場及小眾市場，甚至是縫隙市場了。

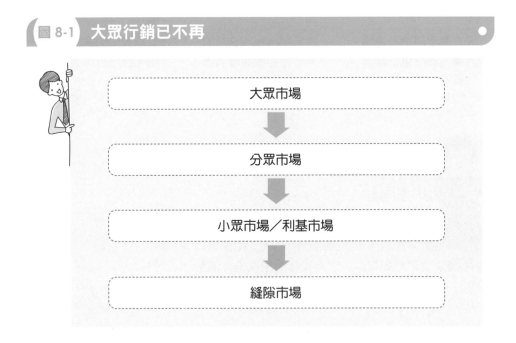

**圖 8-1　大眾行銷已不再**

大眾市場

↓

分眾市場

↓

小眾市場／利基市場

↓

縫隙市場

## 二、小眾市場案例

茲列舉一些小眾市場的案例，如下：

1. 電腦：電競電腦（宏碁）。
2. 書籍：大、中、小學教科書市場。
3. 電視頻道：日本頻道、國家地理頻道、探索頻道。
4. 洗衣精：洗衣球市場。
5. 咖啡：精品咖啡（7-11 的 City Prima）。
6. 高級皮包：歐洲精品名牌包。
7. 高級汽車：瑪莎拉蒂名牌車。

8. 豆漿：統一陽光無糖豆漿。

9. 牙膏：舒酸定牙膏（抗過敏牙膏）、德恩奈夜用型牙膏。

10. 酒類：水果酒。

11. 廣播：Podcast 網路廣播。

12. 高價面膜：SK-II 高價面膜（一片 200 元）。

13. 高價雞蛋：木崗高級蛋。

14. 芳香劑：花仙子。

## 三、小眾市場占比

小眾市場占整個大眾市場的空間占比，大約僅 5% ～ 10% 而已，例如：電腦市場。

1. 桌上型電腦：占 40%。

2. 筆記型電腦：占 40%。

3. 電競電腦：占 10%（小眾）。

4. 其他電腦：占 10%（小眾）。

## 四、小眾市場的優缺點

**( 一 ) 小眾市場的優點如下：**

1. 行銷可以聚焦，比較容易在市場上成功。

2. 比較少競爭對手，競爭壓力也比較小。

**圖 8-2 小眾市場優點**

① 行銷可以聚集，比較容易在市場成功

**+**

② 競爭壓力較小，競爭對手不多

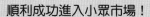

順利成功進入小眾市場！

( 二 ) 小眾市場的缺點如下：

    1. 小眾市場規模較小，其營收及獲利亦會較少。

    2. 小眾市場要大幅成長比較困難，只能小幅成長。

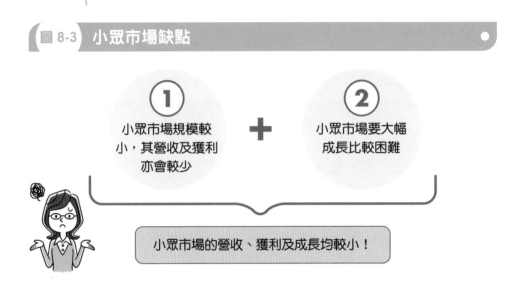

**圖 8-3　小眾市場缺點**

**①** 小眾市場規模較小，其營收及獲利亦會較少

**＋**

**②** 小眾市場要大幅成長比較困難

小眾市場的營收、獲利及成長均較小！

**圖 8-4　小眾市場成功案例**

| | | | |
|---|---|---|---|
| 1 | 宏碁電競電腦 | 7 | 白鴿抗病毒洗衣精 |
| 2 | 舒酸定抗敏感牙膏 | 8 | Discovery 探索頻道 |
| 3 | 五南出版大學教科書 | 9 | 瑪莎拉蒂高級轎車 |
| 4 | 統一陽光無糖豆漿 | 10 | SK-II 高價面膜 |
| 5 | 木崗高價雞蛋 | 11 | 捷安特高價自行車 |
| 6 | 德恩奈夜用型牙膏 | 12 | 統一瑞穗低脂鮮奶 |

## 五、小眾市場如何行銷

小眾市場如何行銷的 6 個步驟，如圖 8-5 所示。

### 圖 8-5　小眾市場的行銷步驟

**步驟 1**　鎖定小眾區隔市場，並確認其市場規模不會太小

**步驟 2**　鎖定小眾市場裡的 TA 為誰（TA：目標消費族群）

**步驟 3**　確立產品的定位、特色及賣點何在

**步驟 4**　制訂行銷 4P 組合戰術行動計劃

**步驟 5**　打造品牌知名度、曝光度、印象度、好感度

**步驟 6**　在小眾市場中，擁有前二名的市占率

### 問題研討

1. 請列出小眾市場至少 6 項。
2. 請列出小眾市場的優缺點各為何？
3. 請列出小眾市場如何做行銷？

# Chapter 3

# 確認行銷 S-T-P 架構分析

第 9 堂課　確立 S-T-P 架構分析

# 第 9 堂課：確立 S-T-P 架構分析

### 一、S 的涵義（區隔市場）

S：Segment Market，說明如下：

1. 將市場區隔出來。

2. 在大眾市場中，切割出來幾個不同的分眾市場、小眾市場、利基市場或縫隙市場，如圖 9-1 ～圖 9-5 所示。

**圖 9-1　汽車區隔市場（以價格為區隔變數）**

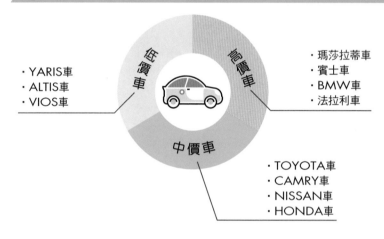

- 低價車
  - ·YARIS車
  - ·ALTIS車
  - ·VIOS車
- 高價車
  - ·瑪莎拉蒂車
  - ·賓士車
  - ·BMW車
  - ·法拉利車
- 中價車
  - ·TOYOTA車
  - ·CAMRY車
  - ·NISSAN車
  - ·HONDA車

**圖 9-2　有線電視臺頻道區隔市場**

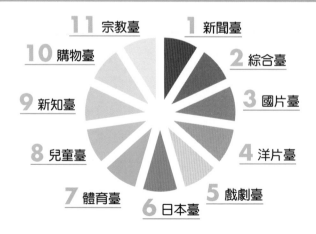

- 11 宗教臺
- 1 新聞臺
- 10 購物臺
- 2 綜合臺
- 9 新知臺
- 3 國片臺
- 8 兒童臺
- 4 洋片臺
- 7 體育臺
- 5 戲劇臺
- 6 日本臺

圖 9-3　餐飲業區隔市場

1　臺菜料理（欣葉）

2　泰式料理（瓦城）

3　韓式料理（豆府）

4　小火鍋（石二鍋、錢都）

5　義式料理

6　日式料理（三井）

7　自助餐（君悅、寒舍艾美、欣葉、漢來海港、饗食天堂）

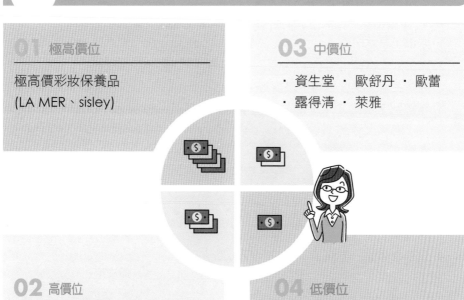

圖 9-4　彩妝及保養品區隔市場

**01　極高價位**

極高價彩妝保養品
(LA MER、sisley)

**02　高價位**

高價彩妝保養品（SK-II、
CHANEL、DIOR、蘭蔻、
雅詩蘭黛）

**03　中價位**

・資生堂　・歐舒丹　・歐蕾
・露得清　・萊雅

**04　低價位**

・韓國 innisfree
・韓國 ETUDE HOUSE
・專科　・肌研

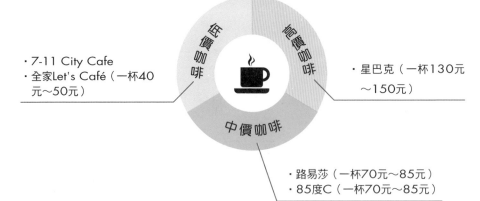

**圖 9-5** 喝咖啡區隔市場

・7-11 City Cafe
・全家Let's Café（一杯40元～50元）

・星巴克（一杯130元～150元）

・路易莎（一杯70元～85元）
・85度C（一杯70元～85元）

## 二、T 的涵義（鎖定目標族群）

T：就是指 TA (Target Audience)，鎖定目標消費族群，鎖定目標客層。

TA 可從顧客群的輪廓 (Profile) 來加以區別，包括下列項目：

1. **所得**：是高所得、中所得或低所得。

2. **職業別**：白領上班族、藍領工人、學生、家庭主婦、退休族、小資女、中高階主管、科技公司上班族等。

3. **年齡別**：小學生、中學生、大學生、年輕人、壯年人、中壯年人、中年人、老年人等。

4. **性別**：男性、女性。

5. **婚姻別**：已婚、未婚、單身、單親。

6. **家庭結構別**：一代、二代、三代。

7. **學歷別**：中學、大學、研究所。

8. **興趣別**：美食、旅遊……等。

9. 消費價值觀的不同。

圖 9-6　顧客輪廓與樣貌要素 (Profile)

| | | |
|---|---|---|
| **1** 所得的不同 | **2** 職業別的不同 | **3** 年齡別的不同 |
| **4** 性別的不同 | **5** 婚姻別的不同 | **6** 學歷別的不同 |
| **7** 家庭結構別的不同 | **8** 興趣別的不同 | **9** 消費價值觀的不同 |

### 三、P 的涵義 (Positioning)（產品／市場定位）

Positioning 係指產品的定位何在？產品所占的位置、產品的特色及賣點何在？

如下案例：

1. LEXUS：專注完美，近乎苛求。強調對日系汽車高品質的重視為定位。
2. 臺北 101 百貨公司：定位在精品級、精品店最多的高級百貨公司。其 TA 客群對象以高所得顧客為主力。
3. 家樂福：定位在擁有 4 萬品項、具一站購足日常用品的大型量販店。其 TA 客群為全面性的全家庭客層。
4. LV：定位在具有 150 年歷史、高品質、手工打造的、具歷史性的全球化精品名牌公司。
5. 樂事洋芋片：小小一口、大大樂事。強調享受吃洋芋片時的快樂心情。
6. dyson 吸塵器：定位在高品質、高端、高價位、來自歐洲英國的精緻且好用的家電產品等級。

7. City Cafe：定位在平價、方便、快速、24 小時無休、都會、好喝的咖啡。

8. Panasonic： 它 的 電 視 廣 告 Slogan 為：「A Better Life, A Better World.」，亦即定位在帶給人們更美好的生活及更美好的世界。

9. Tesla（**特斯拉**）：定位在專一、聚焦於電動車之製造汽車公司。

10. momo：定位在全臺第一名，具有商品豐富、物美價廉及快速物流宅配的網購公司。

11. TVBS **電視臺**：定位在以新聞臺、新聞節目為主力的，與值得信賴的電視臺。

## 圖 9-7　定位案例

**01 | momo**

定位在全臺第一名，具有商品豐富、物美價廉及快速物流宅配的網購公司

**02 | TVBS**

定位在以新聞臺、新聞節目為主力的，與值得信賴的電視臺

**03 | Panasonic**

定 位 在 A Better Life, A Better World. 帶給消費者更美好的生活及更美好的世界

**04 | dyson**

定位在高價位、精品級、高端的、來自英國的家庭用小家電品

**05 | 臺北 101 百貨、Bellavita 百貨**

定位在臺北市信義商業區、全球名牌精品級的高檔百貨公司

**06 | 家樂福**

定位在坪數大、商品多、品項多、價格平價、全客層、可一站購足的量販店零售場所

## 四、S-T-P 環環相扣，緊密結合

如前述的 S-T-P 架構內容，它是具有邏輯性的三步驟；在做任何產品行銷之前，必須先確立好 S-T-P 架構的內含是什麼，才比較能把產品行銷成功。

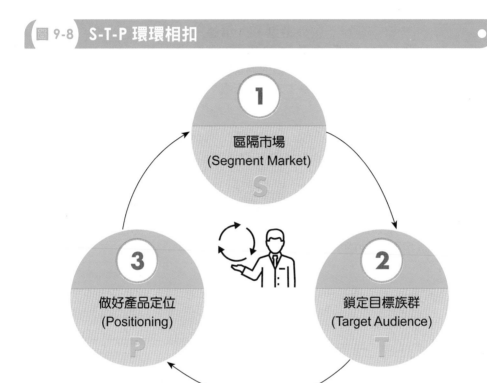

**圖 9-8　S-T-P 環環相扣**

1　區隔市場 (Segment Market) S

2　鎖定目標族群 (Target Audience) T

3　做好產品定位 (Positioning) P

## 五、City Cafe 的 S-T-P 架構案例

茲以統一超商 City Cafe 為例，說明 S-T-P 架構內容，如圖 9-9 所示。

圖 9-9 City Cafe 的 S-T-P 案例

**S** 以外帶型、24 小時、全臺 6,500 店、方便快速、平價的咖啡區隔市場為主力目標市場

**T** 以上班族女性為主力 TA，男性為次要 TA

**P** 定位在都會咖啡，外帶、平價、上班族、24 小時均可喝到的咖啡

**問題研討**

1. 請問 S-T-P 架構中，S 的涵義為何？並舉 1 例說明之。
2. 請問 S-T-P 架構中，T 的涵義為何？顧客輪廓可供區別的要素項目有哪些？
3. 請問 S-T-P 架構中，P 的涵義為何？並舉 3 例說明之。

# Chapter 4

# 快速應變

# 第 10 堂課：求新、求變、求快、求更好

## 一、求新、求變、求快、求更好的涵義

企業在競爭大環境中，要勝過競爭對手，一定要秉持著九字訣，即：求新、求變、求快、求更好。

1. **求新**：更創新、更革新、更升級、更新鮮、更新穎。
2. **求變**：更變革、更多變化、更多改良、更加變型。
3. **求快**：更加快速、更有效率、更加快捷。
4. **求更好**：好，還要更好；更好的追求，是永無止境的。

圖 10-1　求新、求變、求快、求更好

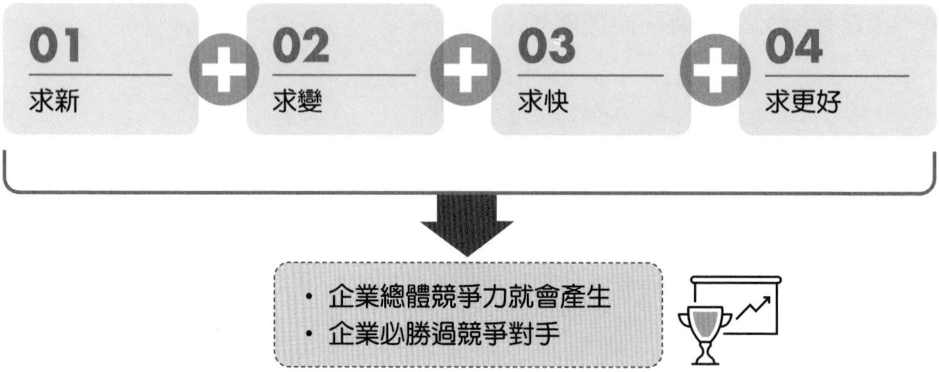

| **01**<br>求新 | + | **02**<br>求變 | + | **03**<br>求快 | + | **04**<br>求更好 |

- 企業總體競爭力就會產生
- 企業必勝過競爭對手

## 二、求新、求變、求快、求更好的面向

企業在求新、求變、求快、求更好的面向，主要有 16 個諸多面向，如圖 10-2 所示。

**圖 10-2** 求新、求變、求快、求更好的面向

| | | | |
|---|---|---|---|
| **1** 既有產品改良 | | **9** 商品陳列 | |
| **2** 新產品開發 | | **10** 門市店改裝 | |
| **3** 售後服務 | | **11** 百貨公司改裝 | |
| **4** 包裝改良 | | **12** 廣告宣傳改良 | |
| **5** 設計改良 | | **13** 人員銷售團隊改良 | |
| **6** 功能改良 | | **14** 製造／生產良率改良 | |
| **7** 品質改良 | | **15** 重大決策速度 | |
| **8** 滿足顧客需求與期待 | | **16** 策略、方向、作法改變 | |

Chapter **4**

快速應變

### 三、求新、求變、求快、求更好的示例

茲列舉各行各業第一品牌,在求新、求變、求快、求更好的示例,如下:

1. **全聯**:超市業第一名,快速展店為其特色。
2. **7-11**:便利商店第一名,不斷求新、求變、求更好為其特色。
3. **星巴克**:店內喝咖啡第一名,不斷求更好為其特色。
4. **City Cafe**:帶著走咖啡第一名,求快為其特色。
5. **和泰汽車**:代理 TOYOTA 銷售第一名,求新、求變為其特色。
6. **好來牙膏（從「黑人」牙膏改名）**:牙膏銷售第一名,求更好為其特色。

7. **中華電信**：電信服務業第一名，求更好為其特色。

8. **家樂福**：量販店第一名，求新、求變為其特色。

9. **momo**：網購業第一名，求更好為其特色。

10. **光陽**：機車業第一名，求新、求變為其特色。

11. **三立**：有線電視業第一名，求更好為其特色。

12. **新光三越**：百貨公司業第一名，求新、求變為其特色。

13. **台積電**：晶片半導體業第一名，求新、求更好為其特色。

14. **鴻海**：手機代工業第一名，求快、求更好為其特色。

15. **統一企業**：食品／飲料業第一名，求新、求變為其特色。

16. **麥當勞**：西式速食業第一名，求新、求變為其特色。

## 圖 10-3 求新、求變、求快、求更好的示例

| 1 全聯超市 | 2 7-11 | 3 星巴克 |
|---|---|---|
| 4 City Cafe | 5 和泰汽車 | 6 好來牙膏 |
| 7 中華電信 | 8 家樂福 | 9 momo 網購 |
| 10 光陽機車 | 11 三立電視臺 | 12 新光三越百貨 |
| 13 台積電 | 14 鴻海 | 15 統一企業 |
| 16 麥當勞 | 17 三井 outlet | 18 ASUS 電腦 |
| 19 dyson 高級家電 | | |

### 四、求新、求變、求快、求更好的要件

企業如何貫徹求新、求變、求快、求更好的四項要件，如下：

1. 要變成全體員工的企業文化、組織文化的重要認知與共識。

2. 要變成全員行動力與執行力的九字訣。

3. 要變成新進員工教育訓練的重點之一。

4. 要變成全員年終績效考核的要項之一。

5. 要在公司各種會議中，不斷強調、重覆強調。

圖 10-4　如何貫徹求新、求變、求快、求更好的要件

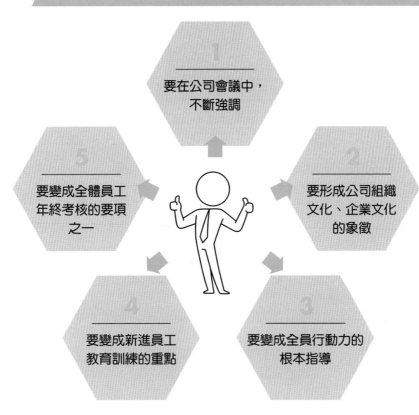

1
要在公司會議中，
不斷強調

2
要形成公司組織
文化、企業文化
的象徵

5
要變成全體員工
年終考核的要項
之一

3
要變成全員行動力的
根本指導

4
要變成新進員工
教育訓練的重點

Chapter 4

快速應變

問題研討

1. 請說明求新、求變、求快、求更好的涵義。

2. 請列出求新、求變、求快、求更好的面向為何？（至少 6 項）

3. 請列出企業求新、求變、求快、求更好的要件為何？

# 第 11 堂課：做行銷要快速應變

## 一、行銷環境有哪些變化

廠商每天在營運中，都面對著外在行銷環境的激烈變化，這些變化都影響企業經營績效的好壞，企業必須高度重視及加以因應才行。企業面對著 10 多種環境變化，如圖 11-1 所示。

**圖 11-1 企業面對外在的環境變化**

**1** 新加入競爭對手的變化

**2** 市場價格的上升或下降變化

**3** 新產品推出的變化

**4** 產品改良推出的變化

**5** 競爭者廣告量投入規模的變化

**6** 競爭者推出新代言人的影響變化

**7** 競爭對手推出促銷檔期影響變化

**8** 市場加強售後服務的影響變化

**9** 競爭對手合作的影響變化

**10** 競爭對手加速展店規模影響變化

**11** 消費者行為變化的影響

**12** 經濟景氣變化的影響

**13** 新冠病毒的影響變化

**14** 少子化的影響變化

**15** 老年化的影響變化

**16** 通路結構併購的影響變化

外在環境大大影響企業的營運結果及好壞！

## 二、行銷要如何應變

企業在行銷面向，要如何快速因應環境變化呢？實務上有幾個作法：

1. 企業要成立專責應變小組，由行銷企劃部負總責，其他部門配合組成。
2. 行企部每月定期提出一次報告及開會；但有緊急狀況時，要機動隨時提出報告及討論。
3. 每月會報，高階長官必須做出裁示及決策指示。
4. 要追蹤考核應變後的狀況如何，再做策略及作法調整，直到做好應變了。

圖 11-2　行銷要如何應變

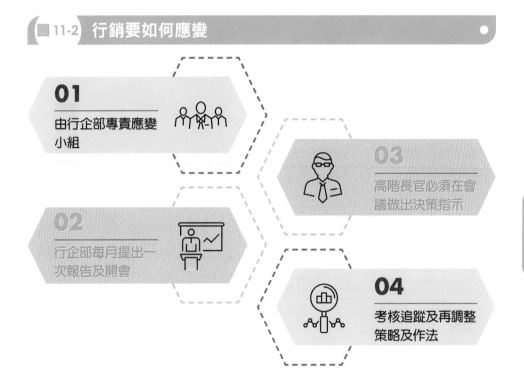

**01** 由行企部專責應變小組

**02** 行企部每月提出一次報告及開會

**03** 高階長官必須在會議做出決策指示

**04** 考核追蹤及再調整策略及作法

## 三、行銷應變的面向

行銷應變的面向，主要有幾個方向，如圖 11-3 所示。

圖 11-3　行銷應變的面向

**1** 產品面
如何應變

**2** 價格面
如何應變

**3** 通路面
如何應變

**4** 廣告投放面
如何應變

**5** 促銷面
如何應變

**6** 媒體報導面
如何應變

**7** 服務面
如何應變

**8** 門市店第一線
如何應變

**9** 消費者面、會
員面如何應變

**10** 拓展店數面
如何應變

**11** 專櫃面
如何應變

有效做好行銷應變！

問題研討

① 請列出企業面對的外部環境變化，至少 6 個。
② 請列出行銷要如何應變外在環境變化。

# Chapter 5

# 高附加價值

第 12 堂課　創造高附加價值

# 第 12 堂課：創造高附加價值

## 一、高附加價值的重要性

高附加價值 (High Value-added) 的重要性，有三項：

1. 有高附加價值，才會取得高價格的條件，有高價格，才會有高利潤。
2. 有高附加價值，才會讓顧客感到物超所值，才能為顧客創造價值感及滿足感。
3. 有高附加價值，才會顯示產品在市場競爭中，才會有更高的競爭優勢存在。

**圖 12-1　高附加價值的三項重要性**

| **1** 才會取得高價格、才會有高利潤 | **2** 才會讓顧客有物超所值感 | **3** 才會讓廠商有市場競爭優勢 |

**圖 12-2　高附加價值才有高利潤**

**1** 先有高附加價值 → **2** 才會有高售價、高價格 → **3** 最後，會有高利潤產生

## 二、高附加價值案例

茲列舉成功創造高附加價值之案例，如下：

1. **台積電**：台積電技術領先，不斷研發出更先進的七奈米、五奈米、三奈米、二奈米，晶片愈來愈精密與高功能，其毛利率也超過 50% 以上的高毛利率，獲利率超過 35%。

2. **星巴克**：咖啡成本很低，但每杯咖啡能賣到 130 元～ 150 元，比統一超商 City Cafe 的 45 元，還高出三倍價格之多，顯示臺灣星巴克也是創造高附加價值的企業高手。

3. **dyson 吸塵器**：來自英國，由臺灣恆隆行公司總代理的 dyson 吸塵器，售價 2 萬多元之高，是一般國產吸塵器 8,000 元的 3 倍之多。dyson 所創造的高附加價值就是：它是無線方便的、它是輕量不會很笨重的、它的馬達吸力是超強的。這些高附加價值，也是使 dyson 能夠以高價位來獲得高利潤的原因。

4. **歐洲名牌精品、手錶**：歐洲 100 多年以上的全球知名品牌，例如：LV、GUCCI、HERMÈS、CHANEL、DIOR、PRADA、ROLEX（勞力士手錶）、百達翡麗 (PP) 錶等均屬之。這些歐洲高級皮包、手錶，都能創造出高的設計價值、高的品質價值、高的品牌價值、高的榮耀心理價值，所以才能以極高價格行銷出去。

5. **日系家電**：日系家電品牌，也是屬於能創造出高附加價值的公司，例如：Panasonic、SONY、日立、大金、象印、東芝、三菱等均屬之。它們的冷氣機、電冰箱、洗衣機、液晶電視機、熱水瓶、電子鍋、烤箱……等均屬於較高品質及高價位的家電產品。

6. **捷安特自行車**：臺灣的知名全球品牌捷安特，也是能夠創造高附加價值的廠商；捷安特自行車在眾多自行車品牌中，是屬於中高價位的品牌。

7. **大立光**：高科技、高股價的大立光公司，它以手機鏡頭的技術領先，創造出它的高附加價值；大立光的毛利率也超過 50%，獲利率超過 35%，與台積電一樣，大立光也是一家專注在高級手機鏡頭的研發與製造公司。

**圖 12-3　創造高附加價值的企業案例**

**1** 台積電公司

**2** 臺灣星巴克

**3** dyson 吸塵器

**4** 歐洲名牌精品及手錶公司

**5** 日系家電公司

**6** 捷安特自行車

**7** 大立光公司

LV、GUCCI、HERMÈS、CHANEL、ROLEX

Panasonic、SONY、日立、大金……

### 三、如何做，才會有高附加價值出來

廠商可以從下列幾個方向去著手，努力創造高附加價值出來：

1. 用最高等級、最高品質的原物料，做產品原料來源。（例如，用最好的牛皮，做高檔皮包；用最好的棉花，做衛生棉；用最好的麵粉，做高檔麵包等。）
2. 用最精密等級的零組件做出科技產品。（例如，iPhone 手機有最好的零組件所組裝出來；dyson 吸塵器有最好的馬達所組裝出來。）
3. 用最佳的製程技術及製造設備，做出最高品質與高良率檔次的好產品。
4. 用最厲害的設計師來設計產品。
5. 用最好的組合成分為內容。
6. 用最尖端的研發技術去做產品創新突破。
7. 用最嚴格的品管要求。
8. 用最頂級的服務水準，去服務 VIP 貴賓級顧客會員。

圖 12-4　創造高附加價值的 8 種來源方式

1. 用最高等級原物料

2. 用最精密等級零組件

8. 用最頂級的 VIP 貴賓服務

3. 用最佳的製程技術及最先進設備

7. 用最嚴格的品管要求

4. 用最好的設計師

6. 用最尖端的研發技術

5. 用最好的組合成分

## 四、哪些部門負責創造高附加價值

廠商高附加價值的創造，並非單一某個部門就能完成的，必須是全體部門的共同努力及團隊合作，才能打造出來的。在組織裡，最主要跟高附加價值創造的，有以下 9 個主要部門，如圖 12-5 所示。

圖 12-5　九大部門努力共創高附加價值

| 1 研發部 | 2 商品開發部 | 3 設計部 |
| 4 採購部 | 5 製造部 | 6 品管部 |
| 7 業務部 | 8 行銷部 | 9 售後服務部 |

## 五、高附加價值的呈現面

就消費者來看，高附加價值的呈現面，可以包括幾個：

1. **功能面**：強大功能、多功能、功能面很強大。
2. **耐用面**：產品很耐用、壽命很長、用很久才會壞掉或不易故障。
3. **品質面**：產品品質很穩定、很一致、很讓人放心、很讓人信賴、品質感很高級。
4. **服務面**：產品服務很完善、很親和、很貼心、很快速、很能解決問題、客人服務費用很低。
5. **設計面**：產品很有設計感、很有質感、很令人喜愛、很有高顏值感。
6. **口味面**：產品口味很好、很棒、很多元、好吃、好懷念。
7. **組成成分面**：產品組成成分採用最高等級、最貴的原物料成分組合而成。
8. **技術面**：產品技術面能夠不斷創新、突破、升級，及改良更好的產品產生。

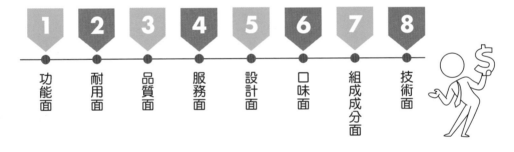

**圖 12-6　高附加價值的呈現面**

1 功能面　2 耐用面　3 品質面　4 服務面　5 設計面　6 口味面　7 組成成分面　8 技術面

**問題研討**

1. 請列出高附加價值的 3 項重要性為何？
2. 請列出創造高附加價值企業案例，至少 5 項。
3. 請問企業創造高附加價值的 8 種來源方式為何？
4. 請問高附加價值的呈現面向為何？

# Chapter **6**

# 回購率

第 13 堂課　回購率爭戰！如何提高顧客回購率

# 第 13 堂課：回購率爭戰！如何提高顧客回購率

## 一、回購率的涵義

回購率的涵義，就是指顧客對於某品牌產品，能夠不斷的、持續性的在賣場內，一直購買同一品牌的產品。

以作者自身為例，我對某些品牌還是有很高回購率的，例如：

1. 牙膏：好來牙膏。
2. 汽車：TOYOTA。
3. 洗髮精：多芬。
4. 豆漿：統一陽光無糖豆漿。
5. 書店：誠品。
6. 家電：Panasonic。
7. 冷氣：大金。
8. 電視：禾聯 (HERAN)。
9. 吸塵器：dyson。
10. 鮮奶：瑞穗。
11. 電影院：威秀。
12. 網購：momo。
13. 新聞臺：TVBS。
14. 超市：全聯。
15. 量販店：家樂福。
16. 頭痛藥：普拿疼。
17. 藥妝店：康是美。
18. 3C 店：燦坤。

## 二、如何提高顧客的回購率

究竟要如何才能有效提高顧客的回購率呢？主要需注意以下 15 項要點：

### (一) 發行會員卡，給予優惠

現在，各大零售業及服務業，大都有發行「會員卡」，持卡購物者，可享受 9 折／95 折或紅利積點回饋，此舉經常有效吸引消費者回購率的提升及鞏固。

目前，比較成功的會員卡如下：

1. 全聯福利卡：1,000 萬卡（目前，全力轉換為行動 APP，稱為 PX Pay）。
2. 家樂福好康卡：800 萬卡。
3. 屈臣氏寵 i 卡：600 萬卡。
4. 康是美卡：400 萬卡。
5. 誠品卡：250 萬卡。
6. SOGO 百貨 HAPPY GO 卡：1,000 萬卡。
7. 新光三越貴賓卡：300 萬卡。
8. 寶雅卡：600 萬卡。

9. 7-11 icash 卡：1,000 萬卡。

10. 中油卡：400 萬卡。

11. 燦坤卡：300 萬卡。

根據很多會員卡的統計中，顯示持有會員卡每年回購的次數及平均金額，都比沒有會員卡的消費者，多出 25% 之多，顯示會員卡有效果。

**圖 13-1　發行會員卡，提高會員黏著度及回購率**

| **1** 全聯福利卡（1,000 萬卡） | **2** 家樂福好康卡（800 萬卡） | **3** 屈臣氏寵 i 卡（600 萬卡） | **4** 康是美卡（400 萬卡） |
|---|---|---|---|
| **5** 誠品卡（250 萬卡） | **6** SOGO 百貨 HAPPY GO 卡（1,000 萬卡） | | **7** 新光三越貴賓卡（300 萬卡） |
| **8** 寶雅卡（600 萬卡） | **9** 7-11 icash 卡（1,000 萬卡） | **10** 中油卡（400 萬卡） | **11** 燦坤卡（300 萬卡） |

• 會員卡能有效提高會員的黏著度及回購率！
• 持有會員卡每年購買次數及平均金額，比沒有會員卡者，多出 25%！

**(二) 定價具高 CP 值感受及物美價廉感受**

企業在產品定價上，一定要讓消費者感受到高 CP 值及物美價廉感受，如此，當消費者有再購需求時，他們就會想到此品牌。

例如，作者在 momo 網購上購物，即感覺產品經常在做促銷價，很便宜；另外，像在石二鍋吃火鍋、欣葉自助餐用餐、買禾聯品牌家電、買茶裏王飲料、買好來牙膏⋯⋯等，都經常感覺到東西比較便宜，品質也不錯，讓我有物超所值感，慢慢就養成習慣性購買此品牌了。

**圖 13-2 高 CP 值、物美價廉感受，有助提高回購率**

**(三) 快速、貼心的售後服務**

現在，消費者買了產品之後，也非常重視廠商的售後服務是否做得好。像 3C 產品、電腦、手機、汽車、機車、冷氣、冰箱、衛浴設備、上網設備、吸塵器⋯⋯等，都會有售後維修服務的狀況出現。此時，做好服務，就影響到消費者對此品牌的滿意度及口碑了。

做好售後服務，有幾點指標：

1. 要快速完成。
2. 要有效解決問題。
3. 服務態度要貼心、有禮貌、很親切。
4. 技術維修服務的費用不能太高。
5. 客服中心接電話快。

**圖 13-3 良好售後服務也會影響回購率**

1 要快速完成

2 要有效解決問題

3 服務態度要貼心、有禮貌、很親切、接電話快

4 維修費用不能太高

美好售後服務，會影響顧客滿意度及顧客回購率！

### (四) 產品在通路上架要更普及

廠商產品在通路上架，一定要尋求更加的普及及好找，讓消費者感受到便利性及方便性；因此，產品上架一定要虛實並進，不僅在實體賣場上要上架，在虛擬網購平臺上，也要上架普及才行。尤其，主力的零售連鎖通路更要上架才行。產品上架普及方便，顧客回購率就會高。

茲列舉主力通路如下：

1. **超市**：全聯、美廉社、家樂福。
2. **量販店**：家樂福、COSTCO、大潤發、愛買。
3. **便利商店**：統一超商 (7-11)、全家、萊爾富、OK。
4. **百貨公司**：新光三越、SOGO、遠東、微風、京站、臺北 101、統一時代、漢神。
5. **outlet**：林口三井、桃園華泰、臺北禮客、高雄義大世界。
6. **購物中心**：台茂、大江、環球、大直美麗華等。
7. **美妝店**：屈臣氏、康是美、寶雅。
8. **3C 店**：燦坤 3C、全國電子、大同 3C。
9. **網購公司**：momo（第一名）、PChome、蝦皮、雅虎奇摩、生活市集、東森。

**圖 13-4 產品上架普及／方便，回購率就會高**

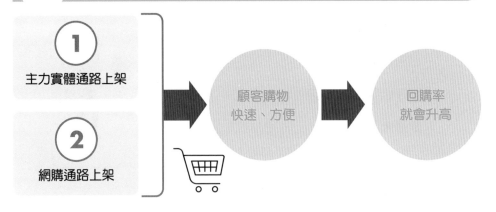

**（五）社群媒體有正評、有好口碑**

很多年輕消費者，都是參考各種社群媒體上面的各種評價，公司的產品及品牌，儘量要在社群媒體上，獲得諸多的好評及正評，如此，就會強化、肯定及提高顧客的再回購率。

**圖 13-5 社群媒體正評，可拉高回購率**

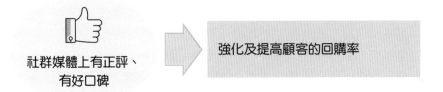

**（六）產品能夠推陳出新**

不少消費者是喜新厭舊的，是喜歡新口味、新款式、新型態的；因此，要吸引更多顧客的回購率，在產品開發上，就必須不斷的推陳出新及創新變化，才會有效的吸引顧客再回來。

像很多的西式速食店、披薩店、手機、餐廳、手搖飲店、食品／飲料業、服飾業等，就必須經常推出新產品、新口味、期間限定品等，才會吸引顧客經常性的再回流、再回購。

**圖 13-6** 產品不斷推陳出新，可拉高回購率

| 產品不斷推陳出新及創新改變 | 可吸引顧客來店購買，拉高回購率 |

**( 七 ) 堅持高品質、贏得高信賴度**

廠商產品如果堅持高品質、高功能、高耐用、高安全性，那麼就能得到顧客的高信賴度，然後，顧客的回購率就會高起來，因為，他們相信、信任這些高品質產品。

例如，日系家電：Panasonic、SONY、象印、東芝、三菱、日立、大金等都擁有令人信賴的高品質特性。再如，歐系的名牌汽車、歐系名牌精品、歐系的名牌洋酒等，也是令人信賴的好產品。

**圖 13-7** 堅持高品質、贏得高信賴度、拉高回購率

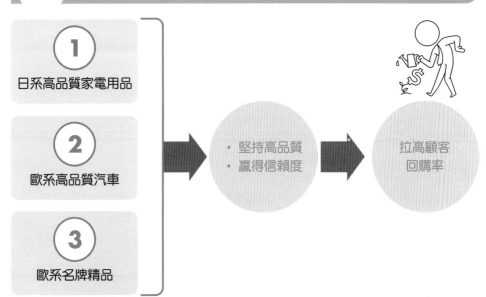

**( 八 ) 鞏固優良品牌資產**

　　廠商若能擁有強大品牌力及品牌形象，則對顧客的再回購率拉高，自然有很大助益。

　　我們常說，品牌是有「品牌資產價值」的，這是指：品牌有高知名度、高好感度、高指名度、高信賴度、高忠誠度、高情感度及高黏著度。這些，就是提高回購率的最佳保證！

**圖 13-8　強大品牌資產，拉高回購率保證**

鞏固強大
品牌資產價值　→　拉高回購率最佳保證

**( 九 ) 持續必要的廣告投放**

　　打廣告的好處之一，就是讓顧客還記得我們家的品牌，具有 Remind（提醒性）效果。因此，持續必要的廣告投放是需要的，太久沒做廣告，顧客就會遺忘掉我們家品牌的。只是，我們必須在有效的媒體、有效的時間點及有效的廣告片露出，才能達成好的效果。否則，廣告費用就是浪費了。

**圖 13-9　持續廣告投放，提醒顧客回來買**

持續性、不中斷的廣告投放

・提醒消費者，本品牌還在這裡

・提醒消費者仍然回來買

## (十) 配合零售商節慶促銷活動

大部分消費者都是喜歡有促銷、有折扣、有優惠的措施，因此，品牌廠商應該配合大型零售商在各種節慶檔期的促銷活動，例如：全面八折、全面五折、全面買一送一、全面滿千送百、買二件六折算……等各種優惠，顧客才會回來。

**圖 13-10　促銷優惠，可有效拉高回購率**

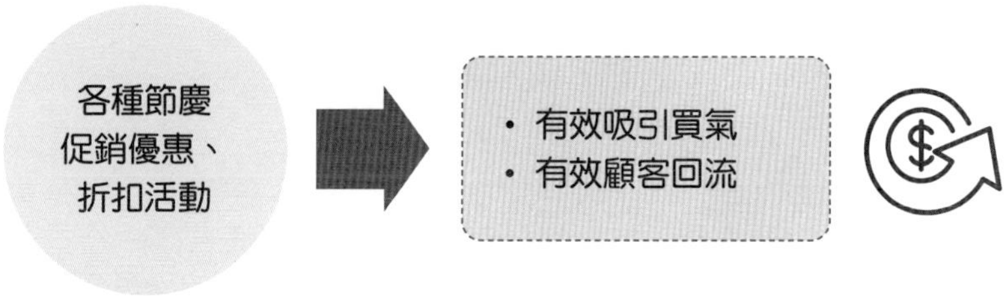

各種節慶
促銷優惠、
折扣活動

* 有效吸引買氣
* 有效顧客回流

## (十一) 塑造美好體驗感受（高 EP 值）

如果是服務業，要有效提高顧客回購率，就要提升顧客的美好體驗感受。

〈例如〉

1. 建築公司預售屋打造得很漂亮。

2. 百貨公司改裝得很有特色。

3. SOGO 百貨 VIP 貴賓室服務很好。

4. 臺北 101 百貨 VIP 貴賓室招待很棒。

5. LV、GUCCI、HERMÈS 臺北旗艦店裝潢及服務均優。

6. 六星級大飯店很豪華。

7. 高級餐廳專人服務很高檔。

8. 誠品書店會員日很歡樂。

以上這些都是作者個人曾經體驗過的美好感受。現在，服務業強調的是要高 EP 值 (Experience Performance)，即是高體驗值時代來臨了。

**圖 13-11　美好體驗，會拉高顧客再回購率**

美好體驗

- 預售屋
- VIP 貴賓室
- 高級餐廳
- 試乘會
- 旗艦店
- 會員日
- 大飯店

- 創造顧客高 EP 值！
- 拉升顧客再回購率！

## (十二) 做好優良企業形象及公益形象

公司若能做好優良企業形象及社會公益形象，也能得到消費者的好評及好印象，那麼，對顧客回購率也大有助益。

例如，台積電公司、鴻海集團、TVBS 電視臺、遠東集團、富邦金控、國泰金控、全聯超市、信義房屋、統一超商……等，都有設立慈善基金會，從事社會公益活動，救助弱勢，形成優良企業形象。

**圖 13-12　做好優良企業形象，有助顧客回購率**

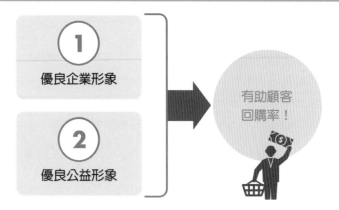

1 優良企業形象

2 優良公益形象

有助顧客回購率！

## (十三) 用心經營粉絲專頁

品牌廠商每天應該好好用心經營官方粉絲團,並與粉絲們有良好的互動性,讓粉絲留下好印象,可使粉絲更加黏著於該品牌、該公司;則對粉絲們的再回購,絕對大有助益。

圖13-13 **用心、認真、專人經營 FB、IG 官方粉絲專頁**

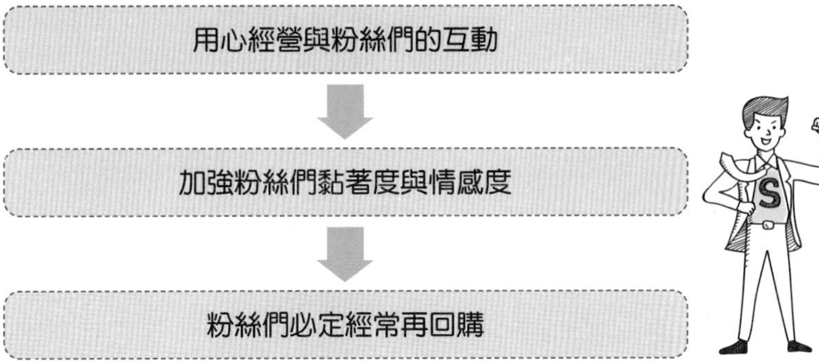

用心經營與粉絲們的互動

↓

加強粉絲們黏著度與情感度

↓

粉絲們必定經常再回購

## (十四) 建立好口碑

「口碑行銷」愈來愈重要,每個人都經常會接受到一些好口碑及不好口碑的傳播,而影響到他的消費行為及消費選擇。好口碑有二種來源:一是人與人之間的傳播;二是人受社群媒體的正評影響。不管如何,企業都要努力從六大面向,好好打造出、建立起消費者的好口碑,如下:

1. 產品品質面。
2. 售後服務面。
3. 門市銷售面。
4. 產品設計面。
5. 門市裝潢面。
6. 消費者體驗面。

## 圖 13-14　從六大面向建立起好口碑

**6** 消費者體驗面

**1** 產品品質面

**2** 售後服務面

**5** 門市裝潢面

**3** 門市銷售面

**4** 產品設計面

- · 打造出消費者的好口碑！
- · 形成好口碑的傳播！

下面是有好口碑的案例品牌：

1. 冷氣機：日立、大金。

2. 家電：Panasonic、象印。

3. 廚具：櫻花。

4. 衛浴：TOTO、和成。

5. 西式速食：麥當勞、摩斯。

6. 汽車：TOYOTA。

7. 機車：光陽、三陽。

8. 便利咖啡：City Cafe。

9. 平價自助餐：欣葉、漢來、饗食天堂。

10. 頭痛藥：普拿疼。

11. 燕麥片：桂格。

12. 洋芋片：樂事。

13. 鮮乳：瑞穗、林鳳營。

14. 火鍋料：桂冠。

15. 冰淇淋：哈根達斯、杜老爺。

16. 牙膏：好來、舒酸定。

17. 洗衣精：白蘭、白鴿。

18. 平價洗面乳：花王 Biore。

19. 高價保養品：蘭蔻、雅詩蘭黛。

20. 衛生紙：舒潔、五月花、春風、得意。

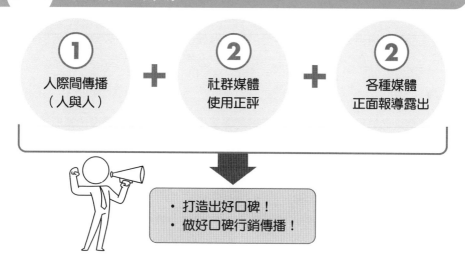

圖 13-15　好口碑三大來源

| ① 人際間傳播（人與人） | ＋ | ② 社群媒體使用正評 | ＋ | ② 各種媒體正面報導露出 |

· 打造出好口碑！
· 做好口碑行銷傳播！

## (十五) 提高產品附加價值

　　廠商應該努力在產品面及售後服務面，不斷提高它們更多、更好、更有用、更好看、更有效用的各種附加價值，有了更多附加價值，消費者就會對這樣的產品及這樣的服務，有了更多滿意度及更好感受，那麼，他們的回購率也自然會提高。

圖 13-16　提高附加價值，拉升回購率

| 更多、更好的附加價值 | ➡ | · 消費者感到更滿意！<br>· 顧客回購率更高！ |

## 圖 13-17　有效提高顧客回購率的 15 招

**1**
發行會員卡，給予優惠

**2**
定價具高 CP 值及物美價廉感受

**3**
快速、貼心的售後服務

**4**
產品在通路上架，要更普及、便利

**5**
社群媒體有正評

**6**
產品能夠不斷推陳出新

**7**
堅持高品質、贏得高信賴度

**8**
鞏固優良品牌資產

**9**
持續必要的廣告投放

**10**
配合零售商做好節慶促銷活動

**11**
塑造美好體驗感受

**12**
做好優良企業形象及公益形象

**13**
用心經營粉絲群

**14**
建立好口碑

**15**
努力提高產品及服務附加價值

有效提高顧客滿意度及顧客回購率！

### 問題研討

1. 請說明回購率的涵義。
2. 企業應如何提高顧客回購率？至少寫出 8 項。

# Chapter 7

# 市場調查

第 14 堂課　市場調查與行銷

# 第 14 堂課：市場調查與行銷

## 一、市調目的

行銷中，也經常出現要做市調的需求，其目的有二：

1. 以科學化數據為基礎，做出正確的行銷決策及行銷對策。
2. 透過市調，找出明確的行銷問題所在，並提出有效的解決方案。

---

**圖 14-1　市調的行銷目的**

 以科學化數據為基礎，做出正確的行銷決策

 透過市調，找出行銷問題所在，以及提出有效的解決方案

- 解決行銷問題！
- 做出正確行銷對策！

---

## 二、行銷決策問題點

需要透過消費者市調，而找出公司在行銷決策上面的問題點，如下幾點：

1. 新產品開發需求及方向。
2. 產品定價多少的良好感受。
3. 門市店服務的顧客滿意度到底如何？以及改善方向。
4. 新代言人（藝人）的正確選擇決策。
5. KOL 網紅行銷的網紅對象選擇及業配方式。
6. 顧客消費需求及消費行為的改變如何？

### 三、市調範圍

市調的範圍，可包括如圖 14-2 的 11 個面向。

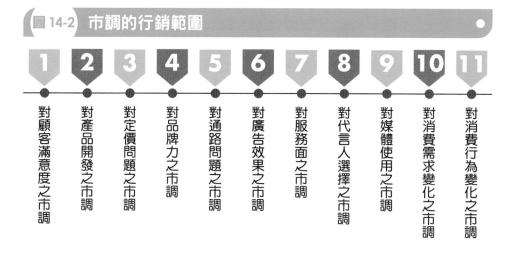

**圖 14-2　市調的行銷範圍**

| 1 | 2 | 3 | 4 | 5 | 6 | 7 | 8 | 9 | 10 | 11 |
|---|---|---|---|---|---|---|---|---|----|----|
| 對顧客滿意度之市調 | 對產品開發之市調 | 對定價問題之市調 | 對品牌力之市調 | 對通路問題之市調 | 對廣告效果之市調 | 對服務面之市調 | 對代言人選擇之市調 | 對媒體使用之市調 | 對消費需求變化之市調 | 對消費行為變化之市調 |

### 四、市調方法

市調的作法，大抵有二大類，一類是質化調查法，另一類是量化調查法。

**( 一 ) 質化調查法**

質化調查法係指小樣本的、深入內心的調查訪問法，又可區分為以下幾種：

1. **焦點座談會 （Focus Group Interview，簡稱 FGI 法 )**：每場座談會找 6 人～8 人的目標消費者，利用晚上下班時間，舉行 2 小時～3 小時的深入座談會，每個人可針對議題題目發表看法、想法、意見等內心質化的認知。有一位主持人負責會議討論的進行。

2. **一對一深度訪談法**：針對目標消費者、經銷商、零售商、供貨商、專家、學者等，進行一對一的深度訪談。

3. **HUT 調查法**：即 Home Use Test，即指將市調問卷留置在消費者家裡，並發給他們負責使用的試用樣品，等他們使用一段時間後，再根據使用心得填寫問卷，然後交還給公司行銷部進行統計、分析及解讀。

4. **Blind Test 調查法**：此法稱為「盲測法」，即公司將所有的品牌名稱及 Logo 標誌去掉，然後請目標消費者品嚐、試吃、或試喝所有品牌產品，再挑選出最好喝、最好吃的一種出來。

5. **現場實地調查法**：此稱為 Field Survey，亦即行銷部人員親自到各種賣場去觀察，並且隨機訪問目標消費者一些看法、意見、需求以及為何挑選此品牌等內容。

## (二) 量化調查法

量化調查法係指大樣本的調查問卷，不是質化深索內心的。主要又可區分為以下幾種方法：

1. 家庭電話問卷調查法：主要以打電話給家庭電話號碼，然後，遵循問卷內容一一詢問及回答；其樣本數通常為數百份到一千份之多。常見的有各種政治選舉的家庭電話訪問法。

2. 電腦 Email 問卷回覆調查法：此法係以有網址的會員為對象，運用電腦 Email 問卷，待會員填完後，再回傳給公司。

3. 手機問卷回覆調查法：此法係針對年輕族群以手機問卷內容填寫後，再回傳給公司。

4. 街訪問卷調查法：此係由訪員在街口、捷運出口站或商業區，進行攔人的問卷調查法。

5. 店內填寫問卷調查法：目前仍有不少採取店內填寫問卷調查法，例如，一些餐廳、百貨公司、醫院、汽車旅館、銀行等均有。

6. Social Listening：此即社群聆聽或網路輿情分析研究法，係指從各種社群媒體網站，搜集相關的關鍵字指標，而做成的一種網路聲量分析報告。

**圖 14-3　市調的方法**

**1 質化調查法**

- 焦點座談會 (FGI)
- 一對一深度訪談法
- 家庭留置問卷調查法 (HUT)
- 盲測調查法
- 現場實地調查法

**2 量化調查法**

- 家庭電話問卷調查法
- 電腦 Email 問卷回覆調查法
- 手機問卷回覆調查法
- 街訪問卷調查法
- 店內填寫問卷調查法
- Social Listening

- 得到科學化數據結果！
- 得到消費者質化內心想法！

## 四、如何成功執行市調

要如何執行一項成功的市調案呢？大致要注意以下幾點：

1. **委外一家執行**：有時候，市調也是很專業的，無法自己執行，因此，必須找到一家有經驗及口碑優良的好市調公司，委託他們來規劃及執行。

2. **用心設計問卷**：公司自己本身必須明確了解此次問卷市調，是想要問哪些問題？得到哪些想要的結果？然後要參與市調公司的問卷內容設計，不要有所遺漏了。

3. **赴市調公司現場觀看**：在市調公司執行質化或量化市調時，公司也應該指派人員赴現場觀看，以了解市調是如何進行的，以及確保市調結果的品質及正確性。

4. **用心解讀問卷結果**：當市調總結數據及報告提出時，公司相關人員都必須用心去解讀這些數據、百分比，以及交叉分析結果；然後，依據此結果，展開精準的行銷對策及行銷行動。

5. **每年定期做一次**：有些市調主題，必須每年做一次，以了解消費者、市場及公司自己的一些變化及趨勢，才能知所因應。

**圖 14-4　成功執行市調 5 要點**

**1** 委託一家優良市調公司來執行

**2** 參與並用心設計問卷內容

**3** 赴市調公司現場觀看，以確保品質

**4** 用心解讀問卷的總結數據分析及報告結果

**5** 每年定期做一次

・成功做好精準的市場調查專案！
・以利公司未來行銷對策及作法！

**問題研討**

1. 請說明市調目的為何？
2. 請說明市調範圍有哪些？至少列出 6 項。
3. 請列出市調質化調查法有哪些？
4. 請列出市調量化調查法有哪些？
5. 請列出如何成功執行市調？

# Chapter 8

# 行銷 4P/1S/1B/2C 組合

# 第 15 堂課：行銷致勝的 4P/1S/1B/2C 八項組合

## 什麼是行銷 4P/1S/1B/2C 八項組合

依據行銷學的觀念，最初提出行銷致勝的四項組合，即是行銷 4P。然而根據作者在企業界的多年實務經驗顯示，行銷致勝的完整全方位組合，應擴張為 4P/1S/1B/2C 的八項組合。唯有同步同時做好、做強這八件事情，產品行銷才會致勝、才會暢銷。

現在，扼要說明做好這八件事項的內容，如下：

1. Product（**產品力**）：廠商必須徹底做好高品質、優質的好產品，並強調產品的高質感、高附加價值、高品質、高顏值、高設計感、高度創新、高耐用、高功能等諸多特色，才是真正的好產品，也才能真正成為暢銷、長銷產品。

2. Price（**定價力**）：產品定價不能太高，太高將使多數人買不起；現在是庶民經濟時代，平價、低價反而是廣受歡迎的。因此，定價必須合理、讓人感到物超所值、高 CP 值，如此，消費者必會對價格感到滿意，並且可以提高回購率。

3. Place（**通路力**）：廠商產品上架陳列到零售通路，必須虛實並進，亦即，實體通路要上架，虛擬網購通路也要上架，真正做好虛實融合，線上與線下融合 (OMO, Online Merge Offline)。如此，才能方便消費者以更快的、24 小時的、更方便的、更容易的買到消費者所需要的產品，消費者才不會有怨言。

4. Promotion（**推廣力**）：任何產品都必須適當的加以廣告、宣傳、公關報導、人員銷售、促銷及重視社群粉絲經營，如此，產品才能被消費者知道及了解，這種適時的推廣出去，產品比較容易銷售完成。

5. Service（**服務力**）：現在的行銷，不只是要將產品行銷出去，而且更要做好產品的售後服務；特別是像汽車、機車、小家電、大家電、電信服務、電腦、手機、吸塵器……等耐久性商品，就更需要有親切、貼心、快速、完美、可以解決問題的售後服務或技術服務了。因此，現在行銷必須把服務提高到重要運作的一環才行。

6. Branding（**品牌力**）：光只有產品力也是不夠的，行銷人員還必須把這

個產品的「品牌」宣傳出去，必須把此品牌知名度、好感度、形象度都成功的打造出來，這樣消費者才會深刻的記住此產品，並和此品牌產生好的聯結性。

如果，品牌還能做到更高一層的品牌信賴度、指名度、忠誠度、情感度、黏著度，那這個品牌必會更加成功及長銷，也必可成為此類產品的前三大品牌之一。

7. CSR（企業社會責任力）：所謂 CSR，即：Corporate Social Responsibility。中大型企業及大型品牌，更須對企業擔負起社會責任來，亦即對社會的環保、關懷、救濟、贊助、捐助等，都要負起更多的公益責任。唯有「取之於社會、用之於社會」，對社會負起公益任務，這個企業及這個品牌，才會得到消費者更大的認同、支持、肯定及信任，也才會有更好的優良品牌形象。

8. CRM（顧客關係管理力）：CRM 英文就是 Customer Relationship Management，中文即是維繫好顧客的關係管理。現代企業大都有會員經營，如何照顧好、優惠好會員的關係及經營會員，並且鞏固好會員的深度關係，以守住此會員的回購率，也是行銷策略上重要的一環。

小結

總之，這一課也是企業經營管理課及行銷課上，非常重要的一堂課。每家企業、每個廠商都必須從行銷 4P/1S/1B/2C 八件工作上，真正落實做好、做強、做大這八件工作，那公司的產品必可長銷、暢銷下去！企業經營也必可成功！

圖 15-1　行銷致勝的 4P/1S/1B/2C 八項組合工作

| 1 | Product（產品力） | 5 | Service（服務力） |
|---|---|---|---|
| 2 | Price（定價力） | 6 | Branding（品牌力） |
| 3 | Place（通路力） | 7 | CSR（企業社會責任力） |
| 4 | Promotion（推廣力） | 8 | CRM（顧客關係管理力） |

- 產品必可暢銷、長銷！
- 企業經營必可成功！
- 行銷必可致勝！

## 圖 15-2 行銷 4P/1S/1B/2C 的重要內涵

### 1 | 產品力

- 高品質
- 高質感
- 高附加價值
- 高設計感
- 高度創新
- 高功能
- 高耐用

### 2 | 定價力

- 必須合理
- 高物超所值感
- 高 CP 值
- 高性價比
- 感到滿意的

### 3 | 通路力

- 實體通路上架的
- 電商網購通路上架的
- 線上與線下通路融合的

### 4 | 推廣力

- 必須廣告宣傳的
- 必須媒體報導的
- 必須促銷活動
- 必須人員銷售

### 5 | 服務力

- 快速服務
- 貼心親切服務
- 解決問題服務
- 完美服務

### 6 | 品牌力

- 高知名度
- 高好感度
- 高指名度
- 高信賴度
- 高忠誠度
- 高黏著度

### 7 | 企業社會責任力

- 對環境保護責任
- 對社會救濟、捐助責任
- 對公益活動投入

### 8 | 顧客關係管理力

- 維繫好顧客的關係
- 給予會員顧客更多、更好的優惠回饋
- 做好會員經營

## 問題研討

**1.** 何謂行銷 4P/1S/1B/2C 組合內容？

# Chapter **9**

# 產品力

# 第 16 堂課：暢銷產品的五個值

## 一、五個值是什麼

暢銷產品的五個值，詳述如下：

1. **高 CP 值**：即產品應具備物超所值感，消費者感到值得買此產品，並願意再回來買，具有好口碑及高回購率。例如：momo 網購、COSTCO 量販店、全聯超市、大同電鍋、統一泡麵、石二鍋火鍋店、欣葉自助餐廳、花王洗面乳……等，均屬高 CP 值產品。

2. **高顏值**：即產品具有高設計感及高質感，讓人喜歡及讚嘆，消費者未必每個人都要便宜的產品，有些高所得的顧客，反而要求高質感但售價高一些的產品。例如：雙 B 汽車、iPhone 手機、花仙子芳香劑、ASUS 筆電、象印電子鍋、SONY 電視機、Panasonic 電冰箱、gogoro 電動機車、特斯拉電動車等。

3. **高品質**：暢銷產品的品質等級一定要高，即產品功能多、壽命耐用、又好用、不易壞掉、可用很久，這就是高品質。例如：日系家電都是比較高品質的，像 Panasonic、SONY、日立、大金、象印、三菱、東芝、夏普等均是。歐系汽車，像 BMW、BENZ、VOLVO、Audi、VW 等高品質汽車。歐洲名牌精品，像 LV、GUCCI、HERMÈS、PRADA、CHANEL、DIOR 等也很耐用、設計又好、品質高檔。

4. **高 EP 值**：即 Experience Performance，即有高的體驗值，在對產品或服務的體驗之後，能夠感受美好。例如：iPhone 手機、dyson 吸塵器試用之後，都有不錯感受。

5. **高 TP 值**：即 Trust Performance，有高的信賴、信任感；一旦有好的信賴、信任感，就會成為一生的愛用戶及購買者了。所以，如何養成顧客對我們產品的信賴、信任感，就成為一件重要的事了。例如：櫻花廚具、光陽機車、捷安特自行車、白蘭洗衣精、桂冠火鍋料、統一泡麵、ASUS 筆電、普拿疼頭痛藥、Panasonic 電冰箱、TOYOTA 汽車、TVBS 新聞臺、國泰／富邦銀行……等均是高 TP 值產品或服務業。

圖 16-1　五個值是什麼

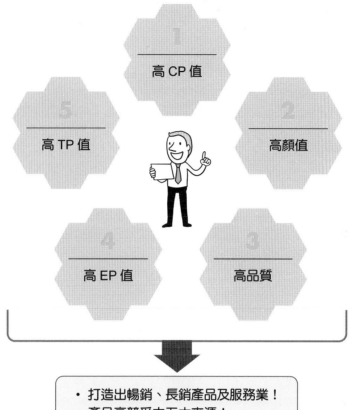

1 高 CP 值

5 高 TP 值

2 高顏值

4 高 EP 值

3 高品質

- 打造出暢銷、長銷產品及服務業！
- 產品高競爭力五大來源！

二、如何做好這五個值

企業到底如何才能做好這五個值呢？

1. **研發／設計**：產品在研發／設計階段，就要考慮到這五個值，徹底把這五個值做好、做強。

2. **製造**：在生產／製造階段，也要堅持這五個值，特別是要生產出高品質、100% 良率的真正好產品出來。

3. **行銷宣傳**：在行銷宣傳階段，也要把這五個值的特色講出來，讓消費者能感受到。

4. **業務銷售**：在專櫃、門市店、經銷店、專賣店，也要對顧客強調這五個值，以引起顧客的好感。

5. **售後服務**：在售後服務階段，也要讓顧客有好的體驗感及信賴感，顧客才會有好口碑。

## 圖 16-2 如何做好這五個值

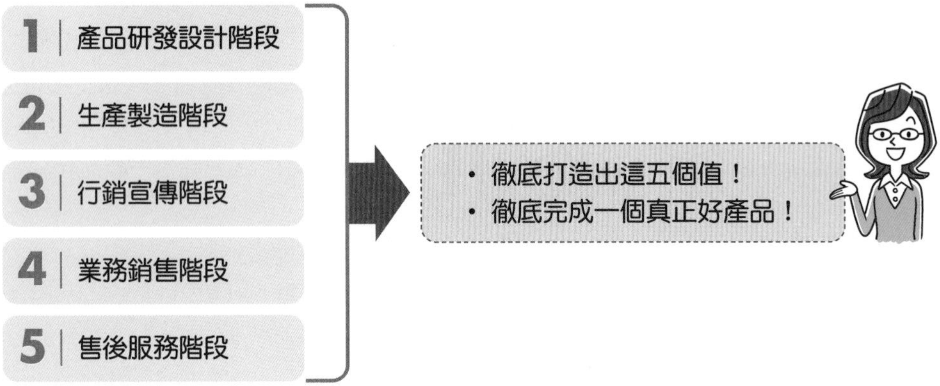

| 1 | 產品研發設計階段 |
| 2 | 生產製造階段 |
| 3 | 行銷宣傳階段 |
| 4 | 業務銷售階段 |
| 5 | 售後服務階段 |

・ 徹底打造出這五個值！
・ 徹底完成一個真正好產品！

### 問題研討

1. 何謂暢銷產品的五個值？
2. 請問企業要如何做好這五個值呢？

# 第 17 堂課：差異化策略與獨特銷售賣點

## 一、波特教授三種贏的策略

美國波特教授在 30 多年前，就提出企業可以贏的三種競爭策略，如圖 17-1 所示。

**圖 17-1 波特教授贏的三種策略**

**1** 低成本策略
Low Cost Strategy

**2** 差異化策略
Differential Strategy

**3** 專注、聚焦策略
Focus Strategy

### (一) 低成本策略

低成本策略，就是企業以較低的成本為競爭點，然後勝過別人。一般來說，低成本也代表著可能以低價格去爭取消費者的購買。例如：全聯超市全臺 1,100 家店，故進貨成本較低，其產品售價也必然低一些，故能贏得市場。此外，像家樂福量販店、COSTCO 量販店、momo 網購、鴻海的手機代工廠等，均是以低成本策略而贏得市場。

### (二) 差異化策略

波特教授提出可以使公司贏得第二個策略，即是差異化策略。也就是指公司的產品或服務，必須與競爭對手有些差異化、獨特性、特色化等，才能在市場競爭中獲勝。例如：

1. 舒酸定牙膏。
2. 白鴿抗病毒洗衣精。
3. dyson 吸塵器／吹風機。
4. 珍煮丹手搖飲。
5. 瓦城泰式料理。
6. 豆府韓式料理。

| | |
|---|---|
| 7. 臺北 101 精品百貨公司。 | 8. gogoro 電動機車。 |
| 9. Tesla 特斯拉電動汽車。 | 10. 林口三井 outlet 購物中心。 |
| 11. 寶雅美妝百貨店。 | 12. 三得利保健食品。 |
| 13. 無印良品店。 | 14. 大創百貨商品店。 |
| 15. LV 名牌精品。 | |

**( 三 ) 專注、聚焦策略**

第三個可以使公司贏的策略，即是不管事業做多大，永遠始終固守、專注、聚焦在既有領域的專業版圖，從專注中產生競爭優勢與領先優勢。例如：

| | | |
|---|---|---|
| 1. 王品餐飲集團。 | 2. 瓦城餐飲集團。 | 3. 台積電公司。 |
| 4. 大立光公司。 | 5. 聯發科公司。 | 6. 國泰金控公司。 |
| 7. 玉山金控公司。 | 8. 捷安特自行車。 | 9. Panasonic 家電公司。 |

**二、差異化策略的好處及優點**

企業的產品及服務，如果採取差異化策略時，其可具有下列四大好處及優點，如圖 17-2 所示。

**圖 17-2　差異化策略的四大好處**

1 企業的產品及服務，不會陷入紅海市場的高度競爭

2 企業的產品／服務的定價可以高一些！獲利可以好一些

3 企業的產品如果具有獨家特色，可以做為廣告宣傳的訴求點

4 企業比較容易切入市場，也比較容易存活

**三、從哪裡可以差異化**

企業的產品及服務，可以從哪裡展開它的差異化呢？大致如圖 17-3 的 12 種面向，著手打造出差異化、獨特化的產品及服務出來。

圖 17-3　企業著手產品及服務差異化的 12 個面向

| | | | |
|---|---|---|---|
| **1** | 從原物料等級著手差異化 | **7** | 從成分著手差異化 |
| **2** | 從服務等級著手差異化 | **8** | 從功能／功效面著手差異化 |
| **3** | 從設計面著手差異化 | **9** | 從耐用期限著手差異化 |
| **4** | 從手工製作著手差異化 | **10** | 從獨家配方著手差異化 |
| **5** | 從獨特地點、位置著手差異化 | **11** | 從省電、省能源著手差異化 |
| **6** | 從專賣店、門市店裝潢著手差異化 | **12** | 從獨特技術著手差異化 |

## 四、什麼是 USP

此外，什麼是行銷上的 USP 呢？如圖 17-4 所示。

企業研發或打造出每個產品，應該找出每個產品自己的 USP（獨特銷售賣點），如此產品才有特色，也才會賣得好，售價也可以拉高些。因此，研發人員或商品開發人員，在產品一開始研發時，就應與業務人員、行銷人員及採購人員一起討論，產品有哪些與競爭同業不同的 USP，如此，產品上市之後，才能比較容易銷售成功。

圖 17-4　什麼是 USP

USP
- Unique Sales Point（獨特銷售賣點）
- Unique Selling Proposition（獨特銷售主張）

Chapter **9**

產品力

## 圖 17-5　五大部門共同努力研發出 USP（產品獨特銷售賣點）

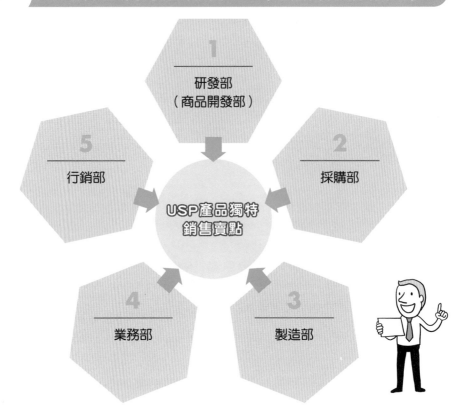

1 研發部（商品開發部）

2 採購部

3 製造部

4 業務部

5 行銷部

USP產品獨特銷售賣點

### 問題研討

1. 請列出波特教授三種贏的策略。
2. 請列出差異化策略的好處及優點。
3. 請列出從哪裡可以著手差異化的面向，至少 6 項。
4. 請問何謂 USP？
5. 請問哪五個部門應共同努力打造出 USP？

# 第 18 堂課：新產品開發與上市

## 一、新產品的重要性

新產品開發成功，對任何公司都是非常重要的，主因如下：

1. 以新產品取代老舊產品。

2. 給消費者新鮮感。

3. 可以有效增加營收及獲利額。

4. 可保持企業的持續成長性。

圖 18-1　新產品開發的重要性

## 二、新產品開發及上市流程

新產品開發及上市的完整流程如下：

1. 新產品創意的產生。

2. 通過市場及技術可行性分析。

Chapter 9

產品力

3. 開始試作樣品。

4. 針對樣品展開市調或消費者測試（內部員工及外部消費者市調）。

5. 強化及改良樣品。

6. 評估銷售量及開始生產製造。

7. 確立售價及安排通路上架。

8. 舉行記者會及展開廣宣。

9. 觀察上市後的銷售狀況，並加以檢討及再改善。

**圖 18-2 新產品開發及上市流程**

1 新產品創意產生

2 通過市場及技術可行性分析

3 開始試作樣品

4 內部員工及外部消費者展開市調及測試

5 強化及改良樣品

6 評估銷售量及開始生產製造

7 確立售價及安排通路上架

8 舉行記者會及展開廣告宣傳

9 觀察銷售狀況及檢討、再改善

## 三、新產品開發上市成功案例

茲列舉過去以來，新產品開發及上市成功案例，如下：

1. iPhone 智慧型手機。
2. iPad 平板電腦。
3. City Cafe（咖啡）。
4. gogoro 電動機車。
5. Tesla 特斯拉電動車。
6. dyson 吸塵器。
7. 原萃無糖綠茶。
8. 專科平價保養品。
9. 石二鍋平價火鍋。
10. 愛之味純濃燕麥。
11. 大金變頻省電冷氣。
12. NET 平價服飾。

## 四、新產品成功要素

新產品開發成功要素，主要有以下幾點：

1. 充分市調及消費者測試，以了解此產品的確是消費者有需求及喜愛的。
2. 足夠的廣宣預算及媒體報導。
3. 最好有適當藝人做代言人。
4. 足夠的通路上架及普及，購買便利。
5. 初期要搭配促銷活動。
6. 產品品質及功能要夠好。
7. 新產品命名成功。
8. 新產品要有特色及獨特點。

圖 18-3　**新品成功要素**

| **1** 要充分市調及消費者測試 | **2** 足夠的廣告宣傳及媒體報導 | **3** 最好有一位藝人代言人 | **4** 足夠的通路上架，方便購買 |
| --- | --- | --- | --- |
| **5** 初期要搭配促銷活動 | **6** 產品品質及功能要夠好 | **7** 新產品命名成功 | **8** 新產品要有特色及獨特點 |

新品開發及上市必成功！

## 問題研討

1. 請說明新產品開發的重要性何在？
2. 請列出新產品開發及上市的 9 個流程。
3. 請列出新產品開發上市之案例，至少 6 個以上。
4. 請列出新產品開發上市之成功要素。

# Chapter 10

# 品牌力（品牌資產價值）

# 第 19 堂課：如何打造、維繫及提升品牌力

一、打造、維繫及提升品牌力 18 招

　　品牌廠商究竟要如何才能打造、維繫及提升品牌力，累積品牌資產呢？主要有 18 招，如下：

**( 一 ) 適當媒體廣告投放**

　　要持續打造品牌力，就要有適當的媒體廣告投放；一般中大型公司，每年都會依照營收額固定百分比 1% ～ 6% 之間，拿出來當做當年度的廣告投放金額，相當每年至少投入 3,000 萬元～ 2 億元之間，才有足夠的廣告曝光度。茲列舉幾個實例如下：

　　1. 麥當勞：年營收 150 億元 ×1% ＝ 1.5 億元。

　　2. 茶裏王：年營收 20 億元 ×2% ＝ 4,000 萬元。

　　3. 林鳳營：年營收 30 億元 ×2% ＝ 6,000 萬元。

　　4. 統一企業：年營收 400 億元 ×0.5% ＝ 2 億元。

　　5. 純濃燕麥：年營收 10 億元 ×6% ＝ 6,000 萬元。

　　6. 統一超商：年營收 1,500 億元 ×0.1% ＝ 1.5 億元。

　　7. 全聯超市：年營收 1,400 億元 ×0.2% ＝ 2.8 億元。

　　當然，媒體廣告投放的 90% 金額，仍以電視廣告及網路（行動）廣告二大主力媒體為主，其他的報紙、雜誌、廣播則投放很少量，因其效益不佳。

---

**圖 19-1　適當廣告投放，以維繫品牌力**

每年適當營收額 1% ～ 6% 廣告投放

| 1 | 打造、維繫及提升品牌力 |
| 2 | 累積品牌資產 |

## (二) 製作叫好又叫座的電視廣告片

為使媒體廣告投放，不會浪費錢，一定要製作出每一支都能夠叫好又叫座的電視廣告片才行。

叫好又叫座的意思是，這支廣告片拍得很好，而且受到消費者喜歡及印象深刻，最後，對品牌業績的提升，也帶來不小助益。

所以，一定要找一家有信譽、有實力、創意好的中大型廣告公司來操刀才可以達成目標。

總之，好的廣告片，必是：

1. 能夠感動人心。
2. 能夠使人記住此品牌。
3. 能夠對此品牌產生好感。
4. 能夠再提升對此品牌的良好印象度。
5. 最後，能夠反應到品牌的業績銷售上。

### 圖 19-2　電視廣告片製作，會影響品牌效果

製作每一支都能叫好又叫座的電視廣告片　→　可以提高對此品牌的記憶度、好感度、形象度及購買度

## (三) 徹底做好產品力

廠商必須要徹底做好它自己的產品力，做出真正好的產品出來，品牌影響力才出來。好產品的定義，包括：

1. 高品質、穩定品質。
2. 高設計能力，使產品外觀有高顏值、好看。
3. 多功能性、耐用性高、有保證。
4. 好用、方便用。
5. 產品壽命長、不易故障、不易壞、可用很久。

真正好的產品，就會形成好印象及好的口碑，然後，品牌力量就會很快浮現。好產品，其實就是最好的廣告。

**圖 19-3　先有好產品，才會有好品牌**

徹底做好產品力　　做出真正好產品

- 品牌力量就會浮出來！
- 品牌好口碑，就會傳播開來！

## (四) 尋找最佳藝人代言人

　　廠商在打造品牌時，如果能尋找到最佳的藝人代言人，有時候也會快速的打響這個品牌。茲列舉過去幾年來，成功運用藝人代言人，而使品牌力扶搖直上的案例如下：

1. City Cafe：桂綸鎂。
2. 桂格人蔘雞精：謝震武。
3. Crest 牙膏：蔡依林。
4. 好來牙膏：張鈞甯。
5. 日立家電：五月天。
6. 御茶園：林志玲。
7. 老協珍：郭富城。
8. 象印電子鍋：陳美鳳。
9. 中華電信：金城武。
10. 原萃綠茶：阿部寬（日本人）。

好的藝人代言人，應具備下列幾個條件：

1. 高知名度、具親和力。
2. 形象良好、無負評。
3. 產品特性應與代言人個人特質有一致性。
4. 能夠有正面新聞話題。
5. 代言人平常即使用該產品，能熱愛該產品。
6. 藝人配合度很好。

很多的消費者，就是因為喜歡這個藝人，因此，也跟著會喜歡上這個品牌的產品。這是一種與知名藝人在情感上的聯結心理。例如，很多人喜歡藝人桂綸鎂，就常在上班時，順便買一杯她代言的統一超商 City Cafe。又例如，有人喜歡港星郭富城，因此，在買雞精時，就會想到買他代言的老協珍熬雞精品牌。

**圖 19-4　使用藝人代言人，可快速打響品牌力**

藝人代言

桂綸鎂、謝震武、蔡依林、張鈞甯、五月天、林志玲、郭富城、陳美鳳、金城武、阿部寬、楊丞琳、林依晨、賈靜雯、陶晶瑩、許光漢、瘦子、吳姍儒……。

具有情感聯結心理，可快速打響品牌力，不斷累積品牌資產價值！

**( 五 ) 高品質又平價 ( 物美價廉 )**

廠商的產品或服務業，應該儘可能做到高品質又平價，亦即能夠「物美價廉」，以滿足庶民經濟時代的廣大基層消費者；能如此，消費者對此品牌，必能有高度滿意感及好感。茲列舉幾個物美價廉的產品，如下：

1. City Cafe（便利商店咖啡 45 元）。
2. 家樂福自有品牌產品。
3. 石二鍋小火鍋。
4. 桂格燕麥片。
5. 欣葉自助餐。
6. OPPO 手機。
7. 禾聯 (HERAN) 本土家電。
8. momo 網購產品（電商第一名）。
9. 大創（日本廠商）日用百貨商品。
10. 五月花衛生紙。

11. 花王洗髮精。

12. 統一泡麵。

13. 麥香茶飲料。

14. 原萃綠茶。

15. 全聯超市（董事長理念：獲利僅 2%）。

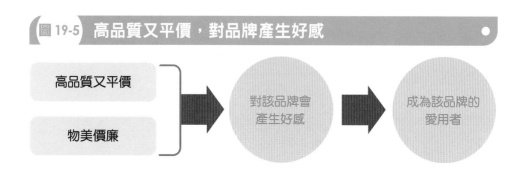

**圖 19-5　高品質又平價，對品牌產生好感**

( 六 ) 銷售通路上架普及又便利

　　現在，消費者希望購買產品，都能夠方便、快速、便利的買到產品；因此，廠商一定要努力鋪貨上架，而且虛實通路都要上架，讓消費者很快速、很方便、不必走很遠，就能買到商品。這也是為什麼全聯超市、7-11 便利店、美廉社商店、手搖飲店、各式餐廳、美妝店……等會愈來愈多連鎖店的主要原因。

　　只要消費者對該品牌能很快速、很方便買到時，就會對該品牌產生好印象，而不會抱怨了。

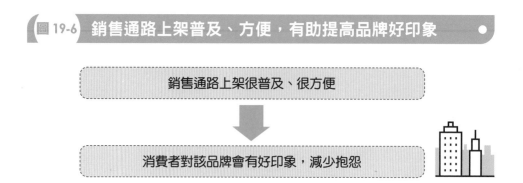

**圖 19-6　銷售通路上架普及、方便，有助提高品牌好印象**

### (七) 多接受各種媒體專訪,多露出正面新聞報導

廠商要打造及提高品牌力,必須多接受各種媒體專訪,多露出正面新聞報導,無形間也會拉高品牌的聲量,形塑品牌資產價值。現在很多財經商管媒體,也會經常報導企業的發展訊息及經營策略,此對品牌力塑造也有很大的無形助益。

這些媒體包括:

1. **電視媒體:** TVBS、東森、三立、非凡、年代、民視、壹電視等新聞臺的報導。
2. **報紙媒體:** 經濟日報、工商時報、聯合報、中國時報、自由時報。
3. **網路媒體:** ETtoday、udn 聯合新聞網、中時電子報、蘋果新聞網。
4. **財經雜誌:** 商業周刊、今周刊、天下、遠見、經理人、數位時代、動腦雜誌等。

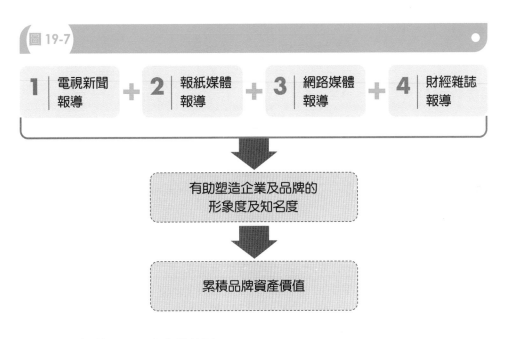

**圖 19-7**

```
1 | 電視新聞   +   2 | 報紙媒體   +   3 | 網路媒體   +   4 | 財經雜誌
    報導              報導              報導              報導
```

↓

有助塑造企業及品牌的
形象度及知名度

↓

累積品牌資產價值

### (八) 用心經營 FB/IG 官方粉絲團

現在是社群媒體高度發展的時代,因此,企業也必須關注在 FB 及 IG 社群自媒體的官方粉絲團經營,好好用心對待這些粉絲群們,以加強黏著他們對我們品牌的向心力及忠誠度。一些中大型公司內部都成立「社群行銷小組」,專責官方粉絲團之經營與互動事宜。

**圖 19-8 用心經營官方粉絲團，加強對品牌黏著度**

專責專人
負責 FB/IG
粉絲團經營

→

可加強黏著粉絲們對企業及品牌的
好感度及忠誠度

### (九) 運用電視節目冠名贊助

電視廣告的另一種型式，就是運用冠名贊助的廣告模式；亦即，將品牌名稱及 Logo 固定呈現在高收視率的連續劇或綜藝節目左上角，以使觀看消費者，長時間的看到此品牌名稱的露出及展示。

此種電視節目冠名贊助方式，對中小企業低知名度朝向高知名度品牌力打造，甚有功效。

**圖 19-9 運用電視節目冠名贊助，有助小品牌知名度拉高**

中小企業低知名度品牌，
運用冠名贊助

→

可有效拉高它的品牌名稱露出度及
品牌知名度之打開

### (十) 加強做好第一線服務及售後服務

現在是重視服務時代的來臨，任何行業必須在：

1. 第一線門市店、專賣店、專櫃、大賣場等場所，必須注重第一線服務人員的服務態度、服務禮貌、服務素質、服務訓練等，讓顧客有好的感受及滿意。
2. 其次，在售後服務方面，也要很快速解決問題及很客氣對待維修問題，顧客才會有好口碑。

消費者有了很高的服務滿意度，對此品牌的好感度及好印象度才會紮實起來。

**圖 19-10** 做好第一線服務及售後服務，客人才會有好口碑及品牌好印象

加強做好
第一線服務
及售後維修服務

→ 客人才會對此品牌、此企業有好口碑及好品牌印象

**(十一) 改良既有產品及推出新產品**

廠商在產品方面，必須持續不斷的改良與精進既有產品，並且，也要適時推陳出新，推出新產品，以滿足顧客的需求及期待，這樣，對此品牌亦會有加分效果。

**圖 19-11** 改良產品及推出新品，對品牌帶來新鮮感

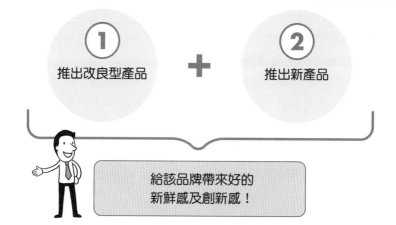

**①** 推出改良型產品 **+** **②** 推出新產品

給該品牌帶來好的新鮮感及創新感！

**(十二) 國內外得獎證明**

國內外得獎證明，也會加深對該品牌的認同及印象，是廠商值得努力的方向。例如，統一企業瑞穗鮮奶曾在歐洲鮮奶競賽獲獎，再如，也有面膜廠商在歐洲競賽中獲獎。

Chapter **10** 品牌力（品牌資產價值）

圖 19-12　國內外得獎證明可加深對該品牌認同

國內、國外
競賽得獎　→　可加深消費者對該品牌的認同及印象

( 十三 ) 通過國內標章驗證

　　國內設有很多品管標章認證及食品安全標章認證，廠商應努力去取得認證通過，然後可成為廣告宣傳的一個重點，此也對該品牌進一步的信賴度才能提高。

圖 19-13　通過國內標章驗證，可提高對該品牌信賴度

通過國內
標章驗證　→

1　可提高對該品牌之信賴度

2　廣告宣傳才有重點

( 十四 ) 滿足顧客對多元產品選購需求

　　有時候，顧客對此品牌產品的需求有多元化、多樣化時，廠商應設法加以滿足。例如，統一企業的食品／飲料產品線，就非常齊全及多元化；例如，它有賣鮮奶、布丁、優格、茶飲料、咖啡飲料、果汁／豆漿飲料、醬油、泡麵、香腸、麵包、油脂……等，非常齊全、多樣化產品，方便消費者購買。消費者對這樣的企業，也會印象深刻及有好感度。

圖 19-14　滿足顧客對多元產品選購需求，有助該品牌的好感度

滿足顧客對該品牌
多元化產品選購需
求　→　可提高消費者對該品牌之好感度及
方便性

## (十五) 做好口碑行銷

廠商應該用心做好顧客之間的口碑行銷,此對該品牌的銷售度及知名度均會帶來助益。例如:

1. 人與人之間的好口碑傳播。

2. 社群媒體上面的正評及好口碑傳播。

所以,廠商一定要努力做好產品、做好定價、做好通路上架、做好促銷、做好廣告宣傳等,顧客才會有好口碑傳出。

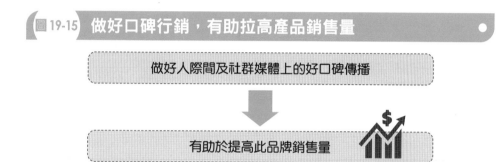

**圖 19-15 做好口碑行銷,有助拉高產品銷售量**

做好人際間及社群媒體上的好口碑傳播

⬇

有助於提高此品牌銷售量

## (十六) 利用直營店店名招牌做廣告宣傳

很多零售業、餐飲業、服務業、電信業等,都是利用它們的直營店或加盟店店名招牌,做為廣告宣傳的主力所在,其效果也很好。例如:王品、瓦城、爭鮮、信義房屋、中華電信、星巴克、50 嵐、珍煮丹、大苑子、八方雲集、歇腳亭、日出茶太、三商巧福、台哥大、NET 服飾……等,都是運用其連鎖店的門面招牌做品牌宣傳的,也對其品牌知名度的拉升有明顯助益。

**圖 19-16 利用直營店店名招牌做品牌宣傳**

利用直營店、加盟店、專賣店店品招牌做品牌宣傳

- 可拉高該品牌知名度及印象度

- 可說是免費的廣告宣傳

**( 十七 ) 促銷活動回饋顧客**

　　廠商還可以使用各種的節慶促銷活動，以優惠回饋給既有會員及顧客們，可達到他們對品牌的回購率及好印象。

　　各種的買一送一、買二送一、全面八折、買二件六折算、滿千送百、好禮五選一……等促銷活動都是顧客很喜歡的。

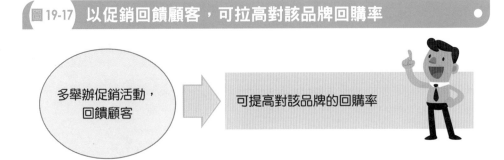

**圖 19-17　以促銷回饋顧客，可拉高對該品牌回購率**

**( 十八 ) 做好顧客的體驗行銷**

　　現在的顧客，對產品或對服務的體驗感受，愈來愈重視，也愈來愈重要。消費者喜歡自己親自：看到、摸到、用到、聞到之後，才對該產品或該服務更加有感。現在人稱為：高 EP 值（即高的體驗值）(Experience Performance)；只要產品或服務能夠提高 EP 值，消費者對該品牌就更加有感及可能觸動購買欲望。

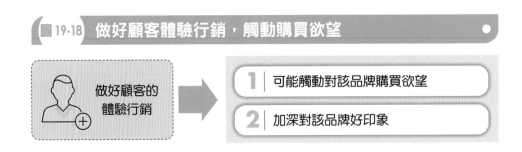

**圖 19-18　做好顧客體驗行銷，觸動購買欲望**

圖 19-19　如何打造、維繫及提高品牌力

| | | | |
|---|---|---|---|
| **1** | 適當媒體廣告投放 | **10** | 加強做好第一線服務及售後服務 |
| **2** | 製作叫好又叫座的電視廣告片 | **11** | 改良既有產品及推出新產品 |
| **3** | 徹底做好產品 | **12** | 國內外得獎證明 |
| **4** | 尋找最佳藝人代言人 | **13** | 通過國內標章驗證 |
| **5** | 高品質又平價（物美價廉） | **14** | 滿足顧客對多元產品選購需求 |
| **6** | 銷售通路上架普及又便利 | **15** | 做好口碑行銷 |
| **7** | 多接受各種媒體專訪及多露出正面新聞報導 | **16** | 利用直營店店名招牌做廣告宣傳 |
| **8** | 用心經營 FB/IG 官方粉絲團 | **17** | 促銷活動回饋顧客 |
| **9** | 運用電視節目冠名贊助 | **18** | 做好顧客體驗行銷活動 |

有效打造、維繫、提高品牌力！
累積品牌資產價值！

**問題研討**

1. 請列出企業要打造、維繫及提升品牌力的作法，至少 8 個。

# 第 20 堂課：提高心占率與市占率，打造品牌資產價值

## 一、什麼是「心占率」

所謂心占率 (Mind Share)，就是消費者心裡面、腦海裡，面對某種產品需求時，他會想起哪些品牌的優先排名。

〈例如〉

1. 肚子餓，想買一份西式速食來吃時，你會想到去麥當勞、摩斯、肯德基或 SUBWAY？
2. 休閒時，你想去看電影，你會去威秀、秀泰或國賓電影院？
3. 你想買一部進口車時，你心裡面的優先品牌是 BMW、BENZ、VOLVO、Audi、VW、LEXUS、Tesla？
4. 你想買滴雞精給住院的友人，你會想到：白蘭氏、桂格、娘家、老協珍、享食尚？

## 二、什麼是市占率

市占率 (Market Share)，就是指某類品牌在市場上的實際銷售量／銷售額的占有率有多少。

〈例如〉

1. 電視臺廣告收入前三名市占率：三立、東森、TVBS。
2. 機車前三名：光陽、三陽、山葉。
3. 高價車前三名：賓士、BMW、LEXUS。
4. 手機前三名：iPhone、三星、OPPO。
5. 冷氣機前三名：日立、大金、Panasonic。
6. 筆電前二名：ASUS、acer。
7. 牙膏前二名：好來、高露潔。

圖 20-1　心占率與市占率

**1**
心占率
消費者心裡面，
對某個品牌的優先
排名選擇

**2**
市占率
消費者實際在市場購買
的品牌選擇

### 三、什麼是品牌資產價值

所謂品牌資產價值，就是指這一個品牌在消費者心目中，是否擁有：

1. 高品牌知名度。　　　2. 高品牌好感度。　　　3. 高品牌信賴度。
4. 高品牌忠誠度。　　　5. 高品牌指名度。　　　6. 高品牌情感度。
7. 高品牌黏著度。

這些品牌資產愈高，其品牌價值就愈高、愈多。

例如，下列這些國內或全球知名品牌，就是享有高的品牌資產價值！

| 全球知名品牌 | 國內知名品牌 |
| --- | --- |
| · iPhone | · 統一企業 |
| · LV | · 統一超商 |
| · GUCCI | · 中華電信 |
| · HERMÈS | · TVBS 電視臺 |
| · CHANEL | · 好來牙膏 |
| · BMW | · 麥當勞 |
| · BENZ | · NET 服飾 |
| · ROLEX | · 白蘭洗衣精 |
| · Panasonic | · 桂格 |
| · SONY | · 威秀電影院 |
| · SK-II | · 克寧奶粉 |
| · sisley | · 三立電視臺 |
| · UNIQLO | · 光陽機車 |
| · 星巴克 | · SOGO 百貨 |
| · TOYOTA 汽車 | · 全聯超市 |

Chapter **10** 品牌力（品牌資產價值）

## 四、如何打造及維繫品牌資產價值

到底企業應如何才能打造出或維繫住高的品牌資產價值呢？主要有下列十大作法：

1. 既有產品必須能夠持續改良、改善、升級。例如，iPhone 1 到 iPhone 13 每年都改款，使它的產品更加完美。

2. 要定期開發出受市場歡迎的新產品、新品牌。

3. 要長期 10 年、20 年、30 年投入各式媒體的廣告宣傳支出，以保持優良的品牌形象。

4. 要保持經常性、有正面性的媒體報導及露出，以保有品牌的新鮮度。

5. 要成功的推出電視廣告代言人，以保持品牌的吸引人及注目度。

6. 要保持好的售後服務，讓消費者有高的顧客滿意度。

7. 要做好 FB 及 IG 社群的粉絲團經營及照顧，以培養出愈來愈多的鐵粉，支持本公司、支持本品牌。

8. 要有高的顧客滿意度，不管是產品面、服務面、通路面、促銷優惠面、定價面等，全方位做到顧客的好感度及滿意度。

9. 要享有社群媒體上，對本公司、本品牌有正面評價及正面口碑，以有效傳播出去。

10. 要做到實體及虛擬通路上架陳列，讓消費者看得到及方便買得到。

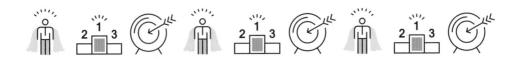

**圖 20-2** 如何打造及維繫住品牌資產價值

**1** 既有產品不斷改良、精進、升級

**2** 定期開發出受歡迎的新產品

**3** 長期投入媒體廣告宣傳支出

**4** 保持媒體正面報導及露出

**5** 成功推出藝人代言人行銷，以引起注目度

**6** 保持好的售後服務

**7** 要有高的顧客滿意度

**8** 做好 FB、IG 社群粉絲團經營，以養出更多鐵粉

**9** 享有社群媒體上面的正評

**10** 要做到 O2O、OMO 虛擬及實體通路上架陳列

**問題研討**

1. 請說明何謂心占率？何謂市占率？
2. 請說明「品牌資產」的內容為何？
3. 請列出如何打造及提高品牌資產價值的十大作法？

# 第 21 堂課：品牌資產價值與如何打造品牌

## 一、何謂「品牌資產」

「品牌」的定義，就是消費者對這一個品牌的所有感受、印象及體驗的總合。而「品牌資產」(Brand Asset) 則是指品牌應具有 7 個度，即：

1. 品牌知名度。　　2. 品牌好感度。　　3. 品牌信賴度。
4. 品牌忠誠度。　　5. 品牌指名度。　　6. 品牌情感度。
7. 品牌黏著度。

如圖 21-1 所示。

**圖 21-1　品牌資產的 7 個度**

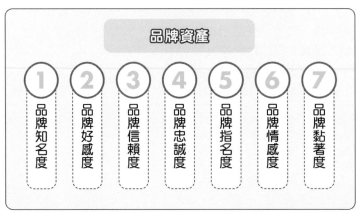

**品牌的定義**

就是消費者對這一個品牌的所有感受、印象及體驗的總合

**品牌資產**

| ① | ② | ③ | ④ | ⑤ | ⑥ | ⑦ |
|---|---|---|---|---|---|---|
| 品牌知名度 | 品牌好感度 | 品牌信賴度 | 品牌忠誠度 | 品牌指名度 | 品牌情感度 | 品牌黏著度 |

## 二、如何打造出品牌力出來

廠商可以從圖 21-2 所示的 14 種作法，努力去打造及提高品牌資產價值。

**圖21-2　如何打造及提高品牌資產價值（14 種作法）**

1　努力爭取財經商管雜誌的專訪，以提高品牌露出度

2　儘量參加國內外競賽得獎，或通過審核標章，以強化品牌信任度

3　持續投放必要的媒體廣告播出（以電視及網路廣告為主力）

4　儘量爭取在電視、報紙、雜誌、網路的新聞報導露出，以擴大宣傳

5　儘量爭取在各種社群媒體上的正面評價及有力推薦

6　努力創造人際間的良好口碑傳播，以人傳人

7　在各種節慶時，做必要促銷活動，以優惠回饋顧客，引起好評

8　專人投入 FB、IG 及 YT 的官方粉絲團經營，照顧好粉絲群，形成「鐵粉」

9　運用電視節目冠名贊助播出廣告

10　多運用 KOL 大網紅及 KOC 微網紅行銷推薦

11　努力打造出高品質、高質感的產品力，讓消費者產生信任

12　定價要有高 CP 值感受、高物超所值感，才會吸引顧客再回來

13　產品在通路上架，要努力做到實體及網購均能上架，以方便消費者

14　多利用直營門市店看板招牌做視覺宣傳

**問題研討**

1. 請列出如何打造出品牌力的 14 種作法。

# Chapter 11

# 定價力

# 第 22 堂課：定價方法與定價考量因素

## 一、定價方法

廠商在定價上，經常採取的方法，有下列幾種：

### (一) 成本加成法

即成本＋利潤加成＝售價，此利潤加成，一般平均在 50% ～ 70% 之間，但是也有高到 70% ～ 200% 之間。

〈例如〉

1. 某工廠製造一個產品，成本為 1,000 元，它要送到某商店去賣，則其出售價格，應該在 1,000 元＋ 70% 利潤＝ 1,700 元，才可以賺合理利潤。

2. 當利潤加成率在 50% ～ 70% 之間時，此工廠的毛利率約在 30% ～ 40% 之間，算是合理的毛利率。

圖 22-1　成本加成法

成本　＋　合理、平均利潤加成（成本的 50% ～ 70%）　➡　售價

### (二) 尊榮名牌定價法

1. 此即針對歐洲名牌精品、名牌汽車、名牌鐘錶等產品的奢侈品極高定價法。此法的利潤加成，將不會只有上述的 50% ～ 70%，而是出廠成本價的好幾倍之高。

2. 例如，LV 的皮包，其出廠成本假設 1 萬元，但其市場上的售價可能高到 5 萬、10 萬了，這是針對有錢人的尊榮名牌定價法。

**圖 22-2 尊榮名牌定價法**

| 歐洲名牌精品、名牌汽車、名牌手錶 | **1** 採著侈品極高定價法 |
| | **2** 價格中，含有尊榮身分的心理價格成分 |

**(三) 尾數心理定價法**

　　一般在零售大賣場或拍賣會場中，經常看到定價：99 元、199 元、299 元、1,990 元等，此法即針對消費者心理的認知，990 元還沒超過 1,000 元的尾數心理認知，而提高消費者購買欲望。

**(四) 促銷定價法**

　　廠商或零售商經常採取各種促銷價格，以加速產品的出售。例如：買一送一、全面五折、全面八折、加一元多一件、買二件六折算、第二件八折算、滿萬送千……等各種促銷手法。

**(五) 差異定價法**

　　廠商或零售商也常會因：時間、地點、人之不同，而有不同的定價。

〈例如〉

　　1. 看電影，早上票價跟晚上票價就不一樣。

　　2. 坐飛機，頭等艙、商務艙、經濟艙三種地方的價格也不一樣。

　　3. 小巨蛋演唱會，不同區域的票價也不同。

**(六) 反向打折法**

　　很多消費品的定價，在實務上是採取：反向打折法。亦即，先決定最終賣場的零售價，然後，再回向採取各種打折法。

〈例 1〉

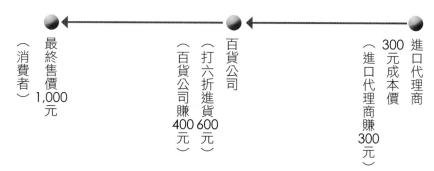

〈例 2〉

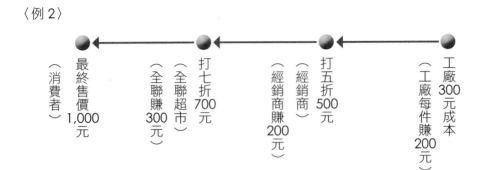

（消費者）
最終售價
1,000
元

（全聯賺
300
元）

打七折
700
元
（全聯超市）

（經銷商賺
200
元）

打
五折
500
元
（經銷商）

工廠300元成本
（工廠每件賺
200
元）

**圖 22-3　經常使用的 6 種定價法**

1 成本加成法

2 尊榮名牌定價法

3 尾數心理定價法

4 促銷定價法

5 差異定價法

6 反向打折法

- 促進銷售業績！
- 提高營收額！

## 二、定價策略的種類

在實務上，定價策略的種類，大致有四種，如圖 22-4 所示。

**圖 22-4 定價策略種類**

1 極高定價策略

2 高定價策略

3 中等定價策略

4 平價定價策略

## 三、定價多少的考量因素

一個產品定價多少，其必須考量多個因素後才能決定。這些多元因素包括如圖 22-5 所示。

**圖 22-5 定價多少的考量因素**

| 1 成本多少 | 2 整個市場現況 | 3 主力競爭對手定多少 | 4 產品定位何在 | 5 產品獨特性、特色程度 |
|---|---|---|---|---|
| 6 公司定價政策如何 | 7 產品生命週期如何 | 8 品牌的知名度狀況 | 9 考量獲利率 | |

↓

訂定一個最佳的零售價格！

## 四、成本＋ Value ＝價格

廠商要提高價格，最重要的就是要提高產品及服務的價值 (Value) 出來。
廠商只要能夠不斷提高產品的附加價值，就可以提高產品的最終零售價格。

**圖 22-6　成本＋ Value ＝價格**

| 成本 | ＋ | Value（附加價值） | 價格提高 |

## 五、如何提高產品及服務的附加價值

廠商要如何才能提高產品及服務的附加價值呢？可從圖 22-7 的 6 種來源著
手。

**圖 22-7　如何提高產品及服務的附加價值**

1 | 技術升級、技術領先

2 | 原物料、零組件升級

3 | 售後服務升級

4 | 引進先進、自動化、製造設備

5 | 設計領先

6 | 整體品質水準升級

- 有效拉高附加價值！
- 有效拉升售價！
- 有效提高利潤！

## 問題研討

1. 請列出經常使用的 6 種定價方法。
2. 請說明何謂「成本加成法」？
3. 請說明定價策略的種類。
4. 請說明定價多少的考量因素為何？
5. 請說明成本＋ Value ＝價格，其中的 Value 是何意？
6. 請列出如何提高產品及服務的附加價值？

# 第 23 堂課：庶民經濟與平價行銷

## 一、庶民經濟時代來臨

由於全臺近 10 多年來，上班族的薪水大部分沒有很明顯的調升，年輕人已成為低收入、月光族及薪貧族了。

根據調查，全臺 1,000 萬上班族中，月薪低於 3 萬元以下的，居然高達 300 萬人之多，月薪在 4 萬元以下的，亦高達 400 萬人之多，顯示這群 20 歲～ 30 歲的廣大年輕人，已成為庶民經濟時代的主力來源了。

### 圖 23-1 庶民經濟時代來了

- 全臺月薪 3 萬元以下者，有 300 萬上班族
- 全臺月薪 4 萬元以下者，有 400 萬上班族

20 歲～ 30 歲庶民經濟時代來臨！

## 二、庶民經濟占最大多數

如下金字塔圖示中，庶民消費者是占全部消費者中的絕大部分比例。

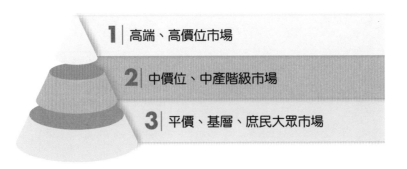

1 | 高端、高價位市場
2 | 中價位、中產階級市場
3 | 平價、基層、庶民大眾市場

三、平價（低價）行銷成功案例

茲列舉全臺成功的平價行銷成功案例，如圖 23-2 所示。

**圖 23-2 平價行銷成功案例**

| | | | |
|---|---|---|---|
| 1 | 全聯超市 | 12 | 禾聯家電 |
| 2 | 美廉社 | 13 | 小米手機 |
| 3 | COSTCO（好市多） | 14 | 聯合／中時報紙 |
| 4 | 家樂福 | 15 | 統一陽光豆漿 |
| 5 | momo 網購 | 16 | 八方雲集 |
| 6 | 石二鍋 | 17 | 50 嵐手搖飲 |
| 7 | 85℃ 咖啡 | 18 | 好來牙膏 |
| 8 | 路易莎咖啡 | 19 | 花王洗髮精 |
| 9 | City Cafe (7-11) | 20 | 五月花衛生紙 |
| 10 | NET 服飾 | 21 | 桂格燕麥片 |
| 11 | 優衣庫服飾 | 22 | 家樂福自創品牌 |

平價行銷成功！

## 四、平價行銷注意要點

平價行銷應注意二點：

1. 雖然平價，但在：品質、食安（食品安全）、外觀質感，仍要做好、顧好才行，否則被認為低價＝低品質，那就不好了。
2. 平價行銷的 TA（目標消費族群），應集中在基層收入的廣大年輕族群、學生族群、家庭主婦族群，以及一部分低收入的中年人。

圖 23-3　平價行銷應注意 4 要點

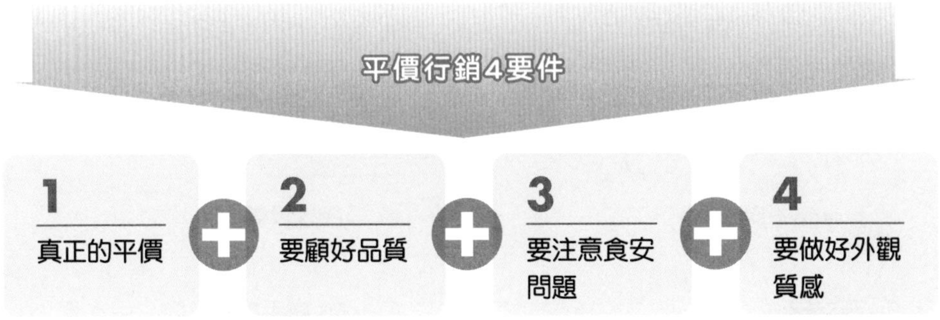

平價行銷4要件

| 1 真正的平價 | ＋ | 2 要顧好品質 | ＋ | 3 要注意食安問題 | ＋ | 4 要做好外觀質感 |

## 五、如何降低成本，做到平價行銷

廠商應從下列五個方向著手，去降低成本 (Cost Down)，以期做到平價行銷：

1. 將生產據點外移到中國及東南亞，其製造成本自然比臺灣低不少。
2. 企業的連鎖店數，應達經濟規模以上，才會降低採購成本及營運成本。
3. 公司的管銷費用，亦要注意加以撙節及控制。
4. 公司幕僚人員人數亦要加以適當控制。
5. 廣告費亦要注意適當支出及其效果的評估，不要隨意浪費廣告費支出。
6. 儘量向外國原廠爭取代理產品成本的適當下降。

圖 23-4　如何降低成本 6 招

1 | 將生產據點外移到東南亞及中國

2 | 擴大店數規模，達到經濟規模，降低採購成本

3 | 控管公司的管銷費用支出

4 | 控管幕僚人員數量

5 | 控管廣告費的適量投放

6 | 爭取國外原廠的代理成本下降

有效降低成本的 6 招！

問題研討

1. 請說明庶民經濟時代來臨的涵義為何？
2. 請列出平價（低價）行銷成功至少 10 個案例。
3. 請說明平價行銷的注意要點為何？
4. 請列出如何降低成本的 6 招。

# Chapter 12

# 傳播主軸及廣告訴求

第 24 堂課　傳播主軸及廣告訴求

# 第 24 堂課：傳播主軸及廣告訴求

## 一、傳播主軸及廣告訴求之示例

茲列舉案例如下，以說明品牌廠商的傳播主軸及廣告訴求，如下：

1. **LEXUS 高級汽車**：以「專注完美，近乎苛求」，強調該汽車之高品質的廣告訴求及傳播主軸。後來，又以「Experience Amazing」，強調汽車的「驚喜體驗」感受。TOYOTA 的 LEXUS 汽車，近年來始終與賓士及 BMW，並列為進口汽車的三大品牌。

2. **City Cafe**：統一超商最初以「整個城市都是我的咖啡館」的廣告訴求，並以都會咖啡心情做為傳播主軸，再加上金馬獎影后桂綸鎂做為代言人，使 City Cafe 爆紅起來。近來，又以「在城市，探索城事」為廣告訴求，持續 City Cafe 的都會咖啡形象為核心。

3. **全國電子**：以「足感心」為傳播主軸及廣告訴求，展現全國電子連鎖店的情感及與民眾的連結。

4. **SK-II**：早期 SK-II 保養品，曾以「晶瑩剔透，你可以再靠近一點」為廣告訴求，引起消費者很大迴響。

5. **桂冠火鍋料**：國內知名的火鍋料桂冠品牌，曾以「幸福美滿這一鍋」及「全家團聚這一鍋」為廣告訴求點，引起消費者回家吃團圓火鍋的心情。

6. **白鴿洗衣精**：2021 年，由於全球新冠病毒的侵擾，白鴿洗衣精很快推出「抗病毒100%」的最新配方洗衣精，銷售得很好，也形成白鴿在當年度的傳播宣傳主軸。

7. **麥當勞**：近年來，國內第一名西式速食漢堡，連續以「食安有保證」及「美食漢堡在這裡」為廣告訴求，大大提升消費者的認同度。

8. **全聯超市**：國內第一大超市全聯福利中心，以「方便又省錢」5 個字，傳播出全聯的二大特色，一是全臺 1,100 店，非常方便找到去買，二是全聯只賺 2% 利潤，其餘都回饋給顧客，達到顧客最想要的「省錢」目的。這 5 個字，大大彰顯出全聯的行銷理念及廣告訴求點。

9. **Crest 牙膏**：美國進口的 Crest 牙膏，以蔡依林為代言人，其傳播主軸即是：「美國第一亮白牙膏」，強調全美國人愛用的 Crest 牙膏，以引起國內消費者的傳播認同感。

10. **可口可樂**：可口可樂多年來，始終以「快樂歡暢，就在可口可樂」為傳播主軸，表達出喝可口可樂，就是一件快樂歡暢的感受。

11. **普拿疼**：多年來，普拿疼頭痛藥始終以「能夠快速緩解頭痛」為主力傳播主軸，以抓緊消費者的認同感及品牌指名度。

## 圖 24-1 傳播主軸及廣告訴求之示例

**1** LEXUS 高級汽車
- 專注完美，近乎苛求
- Experience Amazing

**2** City Cafe
- 整個城市都是我的咖啡館
- 在城市，探索城事

**3** 全國電子
- 足感心家電

**4** SK-II
- 晶瑩剔透，你可以再靠近一點

**5** 桂冠火鍋料
- 幸福美滿這一鍋
- 全家團聚這一鍋

**6** 白鴿洗衣精
- 抗病毒 100% 洗衣精

**7** 麥當勞
- 食安有保證
- 美食漢堡在這裡

**8** 全聯超市
- 方便又省錢

**9** Crest 牙膏
- 美國第一亮白牙膏

**10** 可口可樂
- 快樂歡暢，就在可口可樂

**11** 普拿疼
- 能夠快速緩解頭痛

- 形成有效的傳播主軸及廣告訴求！
- 深植在消費者心裡面！

## 二、為何需要傳播主軸及廣告訴求點

廠商做行銷,為何需要有傳播主軸及廣告訴求點,主要原因如下:

1. 可以使整年度的傳播溝通有重點、也會有聚焦,才會達成比較好的行銷宣傳效果,得到較好的效益。

2. 每年度最好更新一個新的傳播主軸及廣告訴求,才會讓人耳目一新,不會有老化的感覺。

圖 24-2 為何需要傳播主軸及廣告訴求

① 使傳播溝通有重點、有聚焦

② 能達成更好傳播溝通效果

③ 讓人耳目一新感受

**問題研討**

❶ 請列出傳播主軸及廣告訴求之品牌案例,至少 6 例。

❷ 請說明每年度品牌為何需要傳播主軸及廣告訴求點?

# Chapter 13

## 推廣力

# 第 25 堂課：廣告宣傳投放是必要的

## 一、什麼商品需要投放廣告

只要是消費品或耐久性商品，都需要定期投放廣告，以保持它們的品牌資產價值。包括：

1. **消費品**：例如，奶粉、食品、飲料、洗髮精、沐浴乳、牙膏、牙刷、衛生紙、餅乾、零食、泡麵、咖啡、衛生棉、醬油、大米、彩妝品、保養品……等。

2. **耐久品**：例如，汽車、機車、冷氣機、冰箱、洗衣機、電腦、手機、空氣清淨機、照相機、電視機……等。

## 二、投放廣告目的

企業投放廣告的目的有哪些？包括：

1. 為了打造及持續品牌的知名度、指名度、好感度、信賴度、忠誠度、黏著度及情感度。
2. 間接有助銷售業績的提升及穩固。
3. 為了增加品牌的曝光度。
4. 為了鞏固或提高市占率。
5. 為了提高企業整體的良好形象度。

---

**圖 25-1　投放廣告五大目的**

| 1 為了打造及持續品牌力 | 2 為了有助銷售業績的鞏固 | 3 為了增加品牌的曝光度 |
|---|---|---|
| 4 為了鞏固市占率 | 5 為了提高企業良好形象 | |

## 圖 25-2 品牌資產的內涵指標

**1** 品牌知名度

**2** 品牌指名度

**3** 品牌好感度

**4** 品牌信賴度

**5** 品牌忠誠度

**6** 品牌黏著度

**7** 品牌情感度

塑造出有形的品牌資產價值及品牌力量！

三、國內前 18 名廣告量投放的品牌及公司名稱

國內比較知名且大量投放各種媒體廣告量的品牌及公司名稱，如圖 25-3 所示：

## 圖 25-3 國內前 18 名廣告量投放的品牌及公司名稱

**1** 三得利

**2** 和泰汽車

**3** 臺灣花王

**4** P&G 公司

**5** 麥當勞

**6** Panasonic 家電

**7** 桂格

**8** 統一企業

**9** 全聯超市

**10** 統一超商

**11** 普拿疼

**12** 好來牙膏

**13** 娘家

**14** Unilever 聯合利華 公司

**15** 日立家電

**16** 光陽機車

**17** 味全公司

**18** 愛之味 公司

## 四、投放廣告宣傳的媒體有哪些

目前，各大品牌投放廣告宣傳的六大媒體配比，大致如表 25-1 所示。

**表 25-1 國內六大媒體廣告量及占比（2021 年度）**

| 項次 | 廣告媒體 | 金額 | 占比 |
|---|---|---|---|
| 1 | 電視廣告 | 200 億 | 40% |
| 2 | 網路及行動廣告量 | 200 億 | 40% |
| 3 | 戶外廣告 | 40 億 | 8% |
| 4 | 報紙廣告 | 25 億 | 5% |
| 5 | 雜誌廣告 | 20 億 | 4% |
| 6 | 廣播廣告 | 15 億 | 3% |
| | 合計 | 500 億 | 100% |

從上述年度廣告量及占比來看，可知道：

1. **主力媒體**：電視、網路及行動為國內目前最重要的二大主力媒體，所獲廣告量高達 80% 之高。
2. **次要媒體**：戶外廣告為次要媒體，包括：公車廣告、捷運廣告、戶外大型看板廣告、高鐵廣告、機場廣告等。
3. **輔助非必要媒體**：報紙、雜誌、廣播廣告已淪為非必要媒體廣告了。

**問題研討**

1. 請列出投放廣告的五大目的為何？
2. 請列出品牌資產內的 7 個度為何？
3. 請列出六大媒體年度廣告量金額及占比為何？

# 第 26 堂課：會員卡行銷

## 一、會員卡行銷日益普及

現在，在零售業及各種服務業，已愈來愈普及發行與使用會員卡行銷了；到很多零售店與服務店都會被問及，有無會員卡、是否是會員等問題；顯然，會員卡已是重要的行銷工具之一。

## 二、案例

茲列舉目前各行業、各業者發行的會員卡數，如下：

1. 全聯超市福利卡：1,000 萬卡。
2. 家樂福好康卡：800 萬卡。
3. 屈臣氏寵 i 卡：600 萬卡。
4. 康是美卡：400 萬卡。
5. 誠品卡：250 萬卡。
6. 新光三越貴賓卡：300 萬卡。
7. 寶雅卡：600 萬卡。
8. 美廉社卡：200 萬卡。
9. SOGO HAPPY GO 卡：1,000 萬卡。
10. 7-11 icash 卡：1,000 萬卡。
11. 錢都火鍋卡：20 萬卡。
12. 威秀電影院卡：10 萬卡。
13. 燦坤卡：300 萬卡。
14. 中油卡：400 萬卡。

## 圖 26-1　各業者的會員卡數

| | |
|---|---|
| 1　全聯超市：1,000 萬卡 | 8　美廉社：200 萬卡 |
| 2　家樂福量販店：800 萬卡 | 9　SOGO 百貨：1,000 萬卡 |
| 3　屈臣氏：600 萬卡 | 10　7-11：1,000 萬卡 |
| 4　康是美：400 萬卡 | 11　中油：400 萬卡 |
| 5　誠品：250 萬卡 | 12　燦坤：300 萬卡 |
| 6　新光三越：300 萬卡 | 13　錢都火鍋店：20 萬卡 |
| 7　寶雅：600 萬卡 | 14　威秀電影院：10 萬卡 |

廣泛使用會員卡行銷，提高會員忠誠度及拉升回購率！

### 三、會員卡的優惠措施

一般來說，持有會員卡的優惠措施，主要有二項：

1. 可以打折，通常為 95 折或 9 折優惠。

2. 可以紅利積點，積點的回饋率是千分之三到百分之一左右。

這二種優惠回饋，雖不是很多，但對於家庭主婦或低收入族群來說，卻是珍貴的；故，此種會員卡行銷，對廣大的庶民消費者，仍是可以促使經常回購的誘因之一。

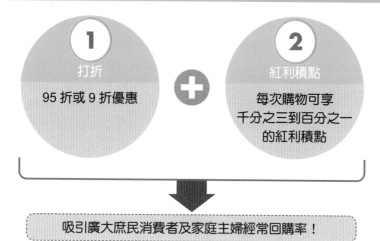

**圖26-2 會員卡的優惠措施**

**1 打折**

95 折或 9 折優惠

**2 紅利積點**

每次購物可享
千分之三到百分之一
的紅利積點

吸引廣大庶民消費者及家庭主婦經常回購率！

## 四、會員卡的功能

各行業使用會員卡行銷，其主要功能為：

1. 具有黏著顧客功能。
2. 具有提高顧客忠誠度及回購率功能。
3. 可有效拉升顧客的消費頻率及消費金額（有會員卡的，比沒有會員卡的，要多出 25% 的消費金額及消費次數）。
4. 可使會員成為消費主力，並加以鞏固。
5. 長期下來，可使會員卡者成為公司的老主顧。

**圖26-3 會員卡的五大功能**

| | |
|---|---|
| **1** 具有黏著顧客功能 | **4** 可有效拉高顧客的消費頻率及消費金額 |
| **2** 可提高顧客忠誠度及回購率 | **5** 長期下來，可使會員卡者成為公司老主顧 |
| **3** 可使會員成為消費主力 | |

## 五、行動會員卡

　　過去使用的都是一張會員卡片，但現在，手機高度普及，因此，會員卡的功能也被使用在行動手機的 APP 內，形成行動會員卡。行動 APP 內的功能可以預訂、可以購物下訂、可以結帳、也可以累積點數，朝向數位轉型。

**圖 26-4　行動會員卡**

會員卡片

- 行動會員卡
- 行動 APP 使用

## 六、如何做好會員卡行銷

　　企業要如何做好會員卡行銷呢？主要有下列 5 點：

1. 成立專責的單位及負責人員。此部門可稱為：「會員經營部」或「VIP 經營部」等。
2. 要定期提供充分且足夠的、可感受到的各種優惠措拖，並且逐步拉高回饋率，從千分之三變為百分之一，從百分之一變為百分之二。
3. 每年定期舉辦一次會員日、見面會活動，以實體聚會見面感受到會員被重視。
4. 會員可依貢獻度，再區分為不同等級會員，給予不同等級的優惠。
5. 在第一線門市店、專門店結帳時，要詢問會員要不要使用點數，減少支付，實現點數利得。

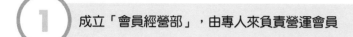

## 圖 26-5　如何做好會員卡行銷

**1** 成立「會員經營部」，由專人來負責營運會員

**2** 要提供充分的優惠回饋給會員，讓他們感受到此卡的好處

**3** 每年舉辦一次會員日的見面會

**4** 會員可依貢獻度，再區分不同等級會員，給予不同優惠

**5** 第一線門市人員要詢問會員是否要使用點數折掉現金

### 問題研討

1. 請列出較知名的零售業及服務業會員卡數多少？至少列出 10 家。
2. 請列出會員卡的優惠措施有哪二項？
3. 請列出會員卡的功能為何？
4. 請說明什麼是行動會員卡？
5. 請說明如何做好會員卡行銷？

Chapter **13**

推廣力

# 第 27 堂課：電視冠名贊助廣告

## 一、電視冠名贊助意義

係指廠商在電視上播出的連續劇節目或綜藝節目的畫面左上角，一直出現產品的品牌名稱及 Logo 的廣告型態，即稱為電視冠名贊助型態的廣告。

**圖 27-1　電視冠名贊助意義**

| 電視冠名贊助廣告 | ・在電視連續劇及綜藝節目左上角，一直出現產品的品牌名稱及 Logo |
| --- | --- |

## 二、每一集費用

每一集冠名贊助費用，大約 10 萬～ 15 萬元不等，收視率很高的節目，約每集 12 萬～ 15 萬元，收視率中高的節目，約每集 10 萬～ 12 萬元。如果以每集 15 萬元計算，乘上 100 集連續劇，則其冠名贊助總費用，即高達 1,500 萬元之多。

**圖 27-2　冠名贊助每集費用**

| 冠名贊助廣告費用 | ・每集 10 萬～ 15 萬元，看收視率高低而定 |
| --- | --- |

## 三、冠名贊助之優點

廠商使用冠名贊助的優點，就是可以：品牌名稱一直掛在電視畫面左上角露出，使不少看到的觀眾，會對此品牌名稱印象深刻；其主要目的，即可較有效打響品牌名稱的印象度及知名度。這是打造品牌力量的重要第一步。

**圖 27-3** 冠名贊助廣告之優點

冠名贊助
之優點 → ・可有效打響品牌名稱的印象度及知名度
・是打造品牌力量的重要第一步

## 四、冠名贊助之缺點

但是，冠名贊助也有缺點，就是只能曝光品牌名稱，不能像一般電視廣告有比較吸引人的影音及人物畫面，比較難達到對品牌的好感度、信賴度及忠誠度目的。

**圖 27-4** 冠名贊助之缺點

電視冠名
贊助之缺點 → ・缺少較吸引人的人物影音畫面廣告
・不易達到對品牌好感度、信賴度、忠誠度
之建立

## 五、冠名贊助適用對象

電視冠名贊助廣告，比較適合中小企業品牌的廣告宣傳；因其較缺少品牌高知名度，故以此冠名贊助廣告方式呈現，確實有助提升中小企業品牌的露出度及知名度，而中大型品牌，則就不太適用了。

**圖 27-5** 冠名贊助適用對象

冠名贊助
適用對象 → ・比較適合中小企業低知名度品牌的廣告宣傳
之用

### 問題研討

**1.** 請説明電視冠名贊助之意義為何？每一集費用多少？

**2.** 請説明電視冠名贊助廣告之優點及缺點何在？

**3.** 電視冠名贊助廣告比較適用哪一種品牌對象？

# 第 28 堂課：廣告 Slogan

## 一、廣告 Slogan 之意義

很多電視廣告片的最後一秒，都會在畫面上出現品牌名稱加上它的 Slogan（廣告金句、廣告宣傳句），希望更加引起消費者的注意，以及彰顯此品牌的特色及定位何在。

圖 28-1 廣告 Slogan 之意義

電視廣告 Slogan 之意義

1 | 彰顯品牌的特色及定位

2 | 吸引消費者的注目

## 二、廣告 Slogan 示例

茲列舉在電視廣告上，常見的廣告 Slogan 如下：

1. 中國信託銀行：We are family.
2. 全聯超市：方便又省錢。
3. 全國電子：足感心。
4. LEXUS 汽車：專注完美，近乎苛求。Experience Amazing.
5. Panasonic：A Better Life, A Better World.（更美好生活，更美好世界）
6. 華碩電腦：華碩品質，堅若磐石。
7. SONY：Make・Believe。
8. LG：Life is Good!
9. 7-11：Always Open. 有 7-11 真好。
10. 全家：全家就是你家。
11. 好來牙膏：牙齒亮白，就在好來牙膏。
12. 日立：Inspire the Next.
13. 茶裏王：一口就回甘。

14. City Cafe：整個城市都是我的咖啡館。在城市，探索城事。
15. 可口可樂：歡樂舒暢，就在可口可樂。
16. 林鳳營：高品質，濃醇香。
17. 大金冷氣：用大金、省大金。
18. 信義房屋：信義，帶來新幸福。
19. BOSCH：Invented for life.
20. 臺啤：尚青啦。
21. Uber Eats：今晚，你想來點什麼。
22. SK-II：你可以再靠近一點，晶瑩剔透。
23. 樂事洋芋片：小小一口、大大樂事。

三、廣告 Slogan 的功能

　　電視廣告 Slogan，其主要功能可以達成如圖 28-2 所示功能。

**圖 28-2　廣告 Slogan 的功能**

1. 用短短幾句話，彰顯品牌的定位及精神
2. 讓人印象深刻
3. 讓人記住此廣告
4. 讓人與品牌產生情感聯結

## 四、廣告 Slogan 的思考面向

到底如何喊出好聽的廣告 Slogan 呢？主要可以從圖 28-3 的 3 個面向去思考。

**圖 28-3　電視廣告 Slogan 的思考面向**

**1**｜可展現產品的特色、特質及精神有關者

**2**｜可展現對美好生活的追求與努力者

**3**｜可與人性、情感相關者

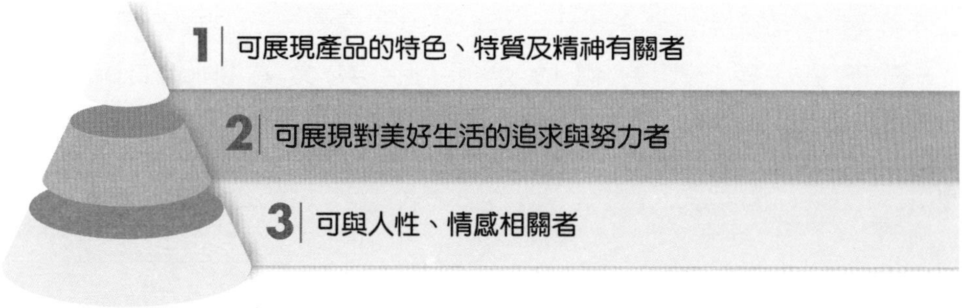

### 問題研討

1. 請說明廣告 Slogan 之意義為何？
2. 請列出至少 6 個電視廣告 Slogan 之品牌案例。
3. 請列出廣告 Slogan 之功能為何？

# 第 29 堂課：體驗行銷（高 EP 值）

## 一、何謂體驗行銷

就是指廠商透過各種室內及室外的體驗活動舉辦，使消費者能夠真實的接觸到、感受到、摸到、看到、用過商品的狀況；而產生對產品的進一步認識、了解、好感，進而有需求時，可能會去購買此產品。

## 二、高 EP 值體驗活動

高 EP 值，即「高的體驗效果」，英文為「High Experience Performance」，亦即，消費者對廠商的商品或服務業現場，有高度的、好的、美好的體驗感受；能夠如此，則對品牌力的打造及提升，又帶來進一步的好成果。

**圖 29-1　體驗行銷（高 EP 值）**

廠商借助室內／室外體驗活動的舉辦 ➡

1 | 帶給顧客美好的體驗感受

2 | 高 EP 值會提高顧客對此品牌的印象度及好感度

## 三、體驗行銷案例

茲列舉實務上，廠商曾經舉辦過的體驗行銷活動，如下：

1. **預售屋**：建設公司對銷售預售屋，都會在現場裝潢好美侖美奐、華麗預售房屋的真實樣子，會令人有擁有美好住屋的欲望。
2. **試乘會**：想買車子的消費者，也可預約試駕車子，以體驗車子好性能的感受，提高想購買欲望。
3. **大賣場試吃／試喝**：像在 COSTCO、家樂福等大型賣場，每逢週六、週日，都會有新款食品／飲料試吃、試喝的攤位陳列，亦可吸引消費者在試吃、試喝完之後，去購買。
4. **手機體驗活動**：很多手機品牌出新款手機時，都會在其門市店、旗艦店內或戶外商業區，舉辦新手機試用體驗活動。

5. **彩妝／保養品試用活動**：一些知名高價或平價的彩妝、保養品牌，也會在百貨公司專櫃上或戶外，舉辦彩妝／保養品試妝、試用的體驗活動，亦可現場下單購買。

6. **家電產品體驗活動**：像電子鍋、萬用鍋……等家電產品，也經常舉辦室內試用活動。

7. **服務業現場裝潢視覺體驗**：各種服務業、零售業、餐飲業等的門市店、加盟店、專賣店、專櫃等實地現場的裝潢與設計檔次都提高很大，就是為了讓消費者一進到店裡有美好的視覺體驗感受。

**圖 29-2　體驗行銷案例**

**1**｜預售屋體驗

**2**｜試乘會體驗

**3**｜大賣場試吃／試喝體驗

**4**｜新款手機體驗

**5**｜彩妝／保養品體驗活動

**6**｜家電產品體驗活動

**7**｜服務業／零售業現場高檔裝潢視覺體驗

- 帶給消費者很好、很棒的美好體驗！
- 拉高對此品牌及商品的好感度及購買欲望！

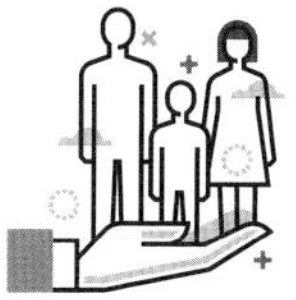

**四、體驗行銷的功能**

體驗行銷被廣泛應用，主要是因為它具有下列功能：

1. 可促使顧客進一步認識及了解此產品狀況。

2. 有助於提升此品牌的曝光度、宣傳度及好感度。

3. 最後，當消費者有需求時，可促使消費者想到或想買此品牌產品。

**圖 29-3　體驗行銷功能**

1. 可使顧客進一步認識及了解此產品或此品牌

2. 有助於提升此品牌之曝光度及宣傳度

3. 有助於未來購買此品牌之可能性

## 五、如何做好體驗行銷活動

那麼，廠商應該如何才能做好體驗行銷活動呢？

1. 要委託最好的公關公司或整合行銷公司，策劃一場中型或大型的室內／室外體驗行銷活動；不要自己公司來做，因為，缺乏這方面的人力及經驗。

2. 在活動舉辦之前，要好好宣傳，提高體驗活動現場的來客人數及體驗人數。

3. 活動事後，要加強各種媒體的新聞報導與露出度，以創造更大的 PR-Value（公關報導價值）。

**圖 29-4　如何做好體驗行銷活動**

1. 委託一家最佳的公關公司或活動公司來籌劃進行較為穩妥

2. 在活動之前要好好宣傳，以提高來客觀賞及體驗人數

3. 事後，要加強各大媒體的新聞報導及露出

### 問題研討

1. 何謂體驗行銷？何謂高 EP 值？
2. 請列出至少 5 個體驗行銷活動之案例。
3. 請問體驗行銷的功能為何？
4. 請列出如何做好體驗行銷活動？

# 第30堂課：KOL 與 KOC 網紅行銷

## 一、何謂 KOL 與 KOC 行銷

1. 所謂 KOL 行銷，即 Key Opinion Leader，即網紅行銷（網路上的關鍵意見領袖）；亦指由網紅在網路平臺上，加以推薦產品或品牌的行動。

2. 所謂 KOC 行銷，即 Key Opinion Consumer，關鍵意見消費者，即指奈米網紅、微網紅、或素人網紅的行銷。KOC 的粉絲人數較少，大概只有幾千人到上萬人而已，而 KOL 的粉絲人數則都為數十萬到上百萬人之多。

3. 有時候，運用 KOC 微網紅的效益，反而比大網紅 KOL 效益更好。因為，微網紅粉絲的忠誠度及互動率比較高。

### 圖 30-1　KOC 的涵義

KOC
(Key Opinion
Consumer)

- 微網紅
- 奈米網紅
- 素人網紅

### 圖 30-2　KOL 與 KOC 的差別

KOL

vs.

KOC

- 粉絲數達數十萬到上百萬的中大型網紅
- 代言成本較高

- 粉絲數僅數千人到上萬人的奈米／微／素人網紅
- 代言成本較低

## 二、KOL 與 KOC 行銷的功能／目的

廠商使用 KOL 及 KOC 的行銷功能及目的，主要有三個：

1. 提高公司品牌的曝光度。
2. 有助打響公司品牌的知名度及好感度。
3. 間接有助業績的提升。

**圖 30-3 KOL 及 KOC 行銷功能**

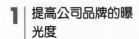

**1** 提高公司品牌的曝光度

**2** 有助打響公司品牌的知名度及好感度

**3** 間接有助業績的提升

## 三、知名網紅案例

例如：蔡阿嘎、How How、這群人、486 先生、館長、白痴公主、千千、谷阿莫、阿滴英文、滴妹、理科太太、實習網紅小吳、Rice & Shine、蒂蒂、Joeman……等。

## 四、KOL 行銷如何進行

1. 先找一家比較知名且有實際實戰經驗的網紅經紀公司，做為委託代理公司。
2. 經告知本公司品牌的現況及目標之後，就請該公司先準備提案。
3. 然後到本公司做簡報、提案及討論後，即可簽訂合約展開行動工作。

## 五、網紅經紀公司提案內容

一般來說，網紅經紀公司提案的內容，大致會包括下列項目：

1. 此案行銷目標／任務。
2. 網紅行銷策略分析。

3. 此案網紅的建議人選及其背景説明。

4. 此案網紅如何操作方式及細節內容説明。

5. 此案計劃上哪些社群平臺。

6. 此案合作執行期間。

7. 此案經費預算説明。

8. 此案預期效益説明。

9. 此案風險與違約控管管理。

10. 合約書內容。

11. 相關附件。

**圖 30-4　網紅經紀公司提案內容項目**

| 1 | KOL 行銷目標／任務 | 6 | 合作執行期間及風險控管 |
|---|---|---|---|
| 2 | 網紅行銷策略分析 | 7 | 經費預算多少 |
| 3 | 網紅建議人選及其背景説明 | 8 | 預期效益 |
| 4 | 網紅如何作法及細節內容説明 | 9 | 合約書內容 |
| 5 | 計劃上哪些社群平臺 | 10 | 相關附件 |

## 六、KOC 的應用

KOC 的粉絲群雖然不多，但其死忠程度及互動率，都比 KOL 為高。而在行銷應用上，經常以找 20 位、50 位、100 位等 KOC 來操作，以量取勝，也是最近業界上常見到的應用方式。

**圖 30-5　KOC 的應用**

一位百萬 KOL 大網紅
行銷推薦

VS.

20 位、50 位、100 位，
以量取勝的 KOC 微網紅
行銷推薦

## 七、KOL 與 KOC 比較

茲用表列方式，比較 KOL 與 KOC 之差異，如表 30-1。

**表 30-1　KOL 與 KOC 比較**

| 項次／項目 | KOL（關鍵意見領袖） | KOC（關鍵意見消費者） |
|---|---|---|
| 1. 受眾輪廓 | 較廣 | 較集中為朋友圈 |
| 2. 粉絲數 | 數十萬～上百萬 | 數千～一萬 |
| 3. 流量與社群影響力 | 較大 | 較小（因粉絲較少） |
| 4. 受眾互動數 | 較弱 | 較強 |
| 5. 名稱 | ・大網紅<br>・中網紅 | ・奈米網紅<br>・微網紅<br>・素人網紅 |
| 6. 廣宣效果 | 較具廣度 | 較具深度 |
| 7. 價格 | 較貴 | 便宜很多 |
| 8. 多數合作方式 | 品牌透過流量主動找 KOL 進行付費業配 | 長期分享品牌商品後，被品牌看到，進而合作 |
| 9. 兩者差異 | ・強調廣泛的曝光與流量<br>・強調爆破性的品牌聲量 | ・強調深度的、走心的，吸引消費者去轉換購買 |

## 八、KOL 與 KOC 的合作選擇

KOL 不管是對一個商品還是品牌來說，都是極好的曝光管道，因為他們擁有極大的流量與觸擊率，因此若你是剛成立的品牌或是有新的商品要推出，都會建議先以有巨大流量的 KOL 為首選，這也是上述提到的網紅行銷，而在你的品牌已經曝光一段時間後，開始需要一些更為深度的討論與內容時，可以再轉向 KOC。

圖 30-6　KOL 與 KOC 的合作選擇

| KOL行銷 | VS. | KOC行銷 |
|---|---|---|
| • 追求大流量與大曝光的廣度效果<br>• 新品牌、新產品剛上市時，較適用 KOL 行銷 |  | • 品牌已經曝光一段時間，需要更為深度的接觸時刻，適合採用 KOC 行銷 |

## 九、挑選 KOL 的質與量指標

### (一) 質化的指標

有關質的指標有 4 項，如下：

1. **相關性**：首先要看這個 KOL 是否為該產品使用者，以及他們本身的專長是否與該行業、該產品有相關性。

2. **外貌及品味**：KOL 在社群平臺上是否有表現出吸引粉絲的外貌及品味，以及他們的外貌及品味是否與品牌切合。

3. **語氣及行為**：KOL 的用字、語氣及網上行為是否與品牌相契合。

4. **經驗與知識**：KOL 是不是一個專家、潮流的帶領者，他們的經驗及知識是否很足夠。

### (二) 量化指標

量化、數據化指標，包括：

1. **接觸面 (Reach)**：這是指 KOL 潛在可以接觸到的受眾數目；如果是在 FB 上，會看他的跟隨者數目；在 YT 上則看訂閱者的數目；在個人部落格上就看多少讀者或點擊率了。

2. **參與率（互動率）**：這是指粉絲群與 KOL 的留言、互動率是多少；互動率愈高，表示粉絲們與 KOL 的關係更加密切、更加認同。

3. **轉發數目**：轉發給周邊朋友分享，其效益更加大。

Chapter **13**

推廣力

## 圖 30-7　挑選 KOL 的質化與量化指標

質化指標

· 相關性
· 外貌及品味
· 語氣及行為
· 經驗與知識

量化指標

· 接觸面
· 參與率、互動率
· 轉發數目

## 十、KOL 篩選的普遍準則

除了上述質與量的選擇指標之外，就普遍篩選準則而言，主要看下列 4 項評估：

1. KOL 的收費是否合理：有些當紅的大 KOL，叫價過高，就不太能選用了，寧可用幾十個、上百個 KOC 來取代。
2. KOL 的配合度良好：KOL 個人對品牌端的合作度、配合度是否良好，或是不好配合，都要考慮。
3. KOL 的良好形象：KOL 不能有負面新聞、緋聞、醜聞等。
4. KOL 不能太過商業化：有些 KOL 太商業化、代言大量品牌，太商業化、太多業配的 KOL 說服力可能會被打折。

## 圖 30-8　KOL 篩選的普遍準則

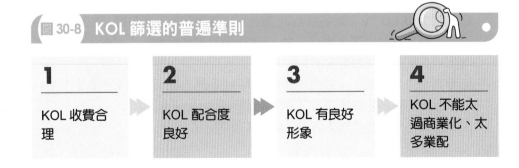

**1** KOL 收費合理

**2** KOL 配合度良好

**3** KOL 有良好形象

**4** KOL 不能太過商業化、太多業配

## 十一、網紅行銷方程式＝ KOL × KOC ＝大加小的組合模式

現在網紅行銷有一種趨勢，就是：同時、並用大網紅＋微網紅的大加小模式。

KOL 與 KOC 有各自的優缺點，若能交叉搭配使用，透過等級不同的網紅，也能從更多元角度切入，接觸到更多不同層面的消費者，讓整體的效益最大化。

KOL 的強項是建立品牌形象，而 KOC 的強項則是有助導購，若是行銷預算夠的話，二種都選擇並用，其效果可能會更好。

### 圖 30-9　網紅行銷方程式＝ KOL × KOC

網紅行銷
方程式

＝

KOL
（大網紅）

KOC
（數十位微網紅）

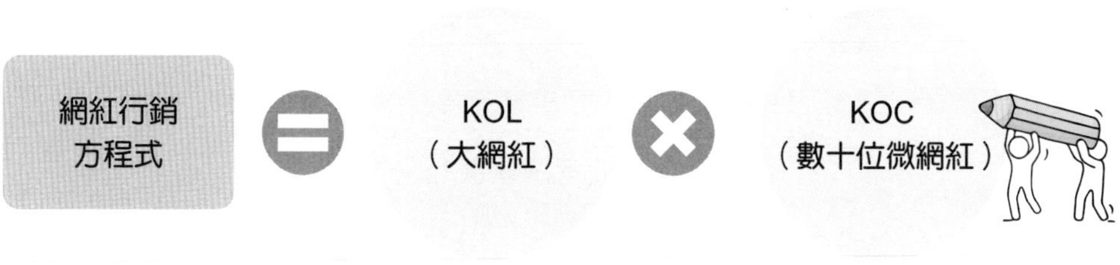

## 十二、多芬洗髮精「KOL × KOC」混合推廣，加強宣傳力度

隨著社群媒體逐漸深入消費者日常生活，各大品牌也愈來愈重視網紅行銷；而在選擇網紅時，也不再只和高流量 KOL 合作，而開始尋找能帶來高互動率的 KOC；多芬洗髮精即是一例。

多芬為了宣傳「美的多樣性」結合多位 KOL 與 KOC 共同進行社群媒體宣傳。一方面利用 KOL 擁有高流量優勢，向大眾廣泛宣傳多芬的品牌理念；另一方面，也利用 KOC 與粉絲關係緊密特點，與潛在受眾溝通，不僅讓品牌形象深入人心，而且有利未來下單購買。

圖 30-10　多芬洗髮精善用 KOL × KOC 行銷宣傳

### 十三、廠商與 KOL 合作方式

廠商與 KOL 進行合作的方式有：

1. **業配**：給予費用及商品，請 KOL 進行專業分享。
2. **互惠**：沒有給予費用，但提供商品或服務，再請 KOL 進行分享，而讓雙方達到互相擁有的方式。
3. **公關品**：免費提供自家產品，讓 KOL 自行選擇要不要分享，但大部分的 KOL 都會發布一些感謝的限時動態，還是會讓產品產生曝光率達到效益。

圖 30-11　廠商與 KOL 合作方式

## 十四、KOL 行銷優勢效益

### 〈效益 1〉信用背書

當品牌與信譽良好，擁有專業知識及個人魅力的 KOL 合作時，品牌可以藉由 KOL 的推薦，提升品牌聲譽及可信度，並提升品牌被消費者選擇的機率。

### 〈效益 2〉公開透明、監控品質

現今很多 KOL 與品牌的合作之下都會標註「合作文」或「業配」等字樣，這類的標籤可以防止粉絲對 KOL 及該品牌的反感或是不信任。

### 〈效益 3〉真實性

選擇的 KOL，如果恰巧也是該品牌或該產品的常用者或愛用者時，更可增加粉絲們對該 KOL 的推薦文或推薦影音產生真實性的親切感。

### 〈效益 4〉話題延燒

一個有創意且優質的 KOL 行銷合作方案，是可能引起話題，而延燒好幾個星期，而且可能會被快速、廣泛的傳播開來。

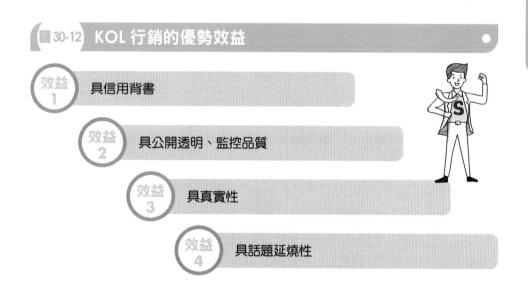

圖30-12　KOL 行銷的優勢效益

效益 1　具信用背書

效益 2　具公開透明、監控品質

效益 3　具真實性

效益 4　具話題延燒性

## 十五、KOC 行銷，自己怎麼做

如果公司自己是大公司或大品牌，不想透過網紅經紀公司、仲介，而想自己來時，其作法有如下五步驟：

### 〈步驟 1〉找出 KOC

想做 KOC 行銷時，第一步驟就是先找出目標對象的 KOC。品牌端可以先觀察粉絲專頁上積極互動的粉絲有哪些，或是搜尋 Hashtag 找出經常分享品牌資訊的族群，再將這些粉絲整理成名單，並透過社群媒體的私訊功能聯繫，進一步詢問粉絲本身是否有分享產品的習慣，或是追蹤、加入那些社團，了解粉絲的分享頻率，可能出現 KOC 的社群，以藉此獲得 KOC 的聯絡方式。

### 〈步驟 2〉洽談合作細節

找到 KOC 或十數個 KOC 之後，接下來就是詢問 KOC 是否有分享產品的意願；若 KOC 答應合作，即可開始洽談合作細節，進行簽約流程。

### 〈步驟 3〉展開執行

第三，合約完成後，即按規定時程，進行貼文、貼圖撰寫，或是非常簡易／短秒數影音製拍，然後在三大社群平臺上置放露出。

### 〈步驟 4〉檢視合作成效

KOC 透過貼文、限時動態或是直播、短影片等方式曝光產品，品牌方也可以藉由觀察貼文互動人數、最終下單人數、觀看人數等，評估每個 KOC 的合作成效，以利後續篩選合適 KOC 人選。

### 〈步驟 5〉經營長遠合作關係

最後篩選出來的 KOC，可以做為品牌方長期合作對象，並確保合作符合成效預期。

**圖30-13　KOC 行銷，自己如何做**

| 步驟1 | 步驟2 | 步驟3 | 步驟4 | 步驟5 |
|---|---|---|---|---|
| 找出適合的 KOC | 洽談合作細節 | 展開執行 | 檢視合作成效 | 經營長遠合作關係 |

### 十六、如何找 KOL 網紅合作

如何找 KOL 網紅合作，有二種方式：

1. 自己來。許多網紅會在自己的社群平臺上，留下自己的 Email 聯絡方式，方便品牌方與他們洽談合作。
2. 找經紀代理公司。目前，也有不少的網紅經紀公司協助品牌方這方面的專業工作進行規劃。

**圖 30-14　找 KOL 網紅合作二方式**

① 品牌公司自己
來找、來做

或

② 品牌公司找
外面經紀公司
來做、來規劃

### 十七、全球 KOL 行銷的市場規模

根據美國數據，全球 KOL 行銷市場規模達到 140 億美元，自 2016 年以來成長 712%，並且持續壯大中，甚至在 2020 年～ 2021 年這個疫情肆虐的時期，仍舊增加 41 億美元。

### 十八、KOL×KOL 行銷策略

品牌端可透過不同領域的 KOL 合作創意企劃進行業配。例如，知名美食 YouTuber 千千及實驗型 YouTuber Hook 一起製拍影片，結合大胃王與遊戲挑戰元素，替肯德基做業配行銷。

### 十九、KOL 網紅直播銷售

在 2020 年～ 2021 年，全球新冠疫情期間，不少國內知名大網紅也替品牌端，扮演網紅直播銷售的角色，成功的開拓出網紅除了會宣傳之外的另一種重要功能；也增加網紅的另外重要收入來源！

**圖30-15  KOL 網紅直播銷售**

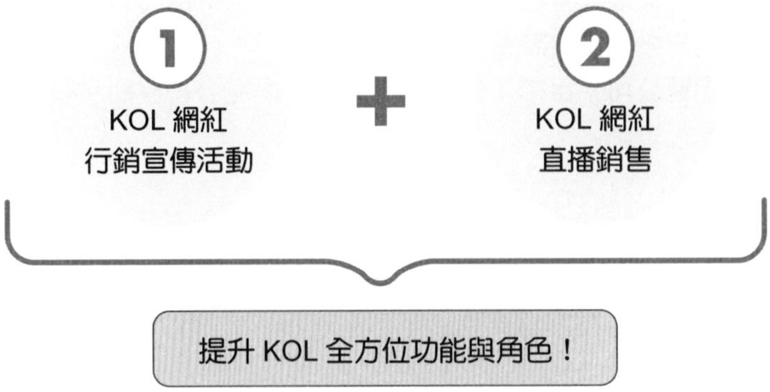

① KOL 網紅
行銷宣傳活動

➕

② KOL 網紅
直播銷售

提升 KOL 全方位功能與角色！

## 二十、網紅行銷為何如此重要 3 原因

很多行銷專家認為：品牌知名度及品牌口碑評價，是現在行銷最需要的 2 個關鍵點。消費者不喜歡冷冰冰生硬的純廣告內容，而更仰賴社群網路上的「真實評價」。另外，還有如下原因：

1. **累積搜尋網路評價**：很多年輕人在購買某一項東西時，會去網路搜尋這項商品的評價如何，因此，網路評價是不可被忽視的重要一環；而透過網紅的正向行銷有助於協助企業的口碑變好。

2. **提升消費者對產品的信任度及知名度**：越多的網紅與使用者分享使用心得，品牌及討論度也會逐步提升，最終網紅行銷的效益逐漸擴散，可達到口碑行銷的效果。

3. **提供「消費者的視角」**：網紅行銷最重要的一點，便是使用者的角度。以他們的角度來提供給消費者的需要資訊，品牌端便可透過網紅這種消費者熟悉的方式，間接與他們溝通。當網紅在社群平臺上分享產品時，對粉絲群或讀者們來說，將更加真實與可信。

**圖30-16** 網紅行銷為何如此重要的三大原因

1 可累積搜尋網路正面評價資訊

2 可提升消費者對此產品的信任度及知名度

3 可提供「消費者的視角」，更加真實及可信

## 二十一、品牌該如何找到最適合、最佳的網紅

1. **受眾**：品牌端一定要對顧客有一定了解，知道他們是誰？他們喜歡什麼？需求什麼？他們的樣貌為何？

2. **互動率**：粉絲與網紅的高互動率，代表粉絲重視並期待網紅創作的平臺內容。

3. **公信力**：具有公信力的網紅會有死忠粉絲，並且會在某個領域有專業的知識及地位。這種類型的網紅在他們宣傳產品時，會有更好效果。例如：醫學類的 YouTuber 蒼藍鴿、科技類 YouTuber 理科太太。

4. **內容品質**：由於網紅做的內容各有不同，要注意你想宣傳的產品，是否適合他們的風格，以及做出內容的品質，是否具有創意及良好品質，不會有爭議性。

5. **可信度**：注意此網紅個人的表現及個人本身，長期以來，是否得到粉絲們的可信度及信賴度。

6. **關聯契合性**：找到對的網紅，並宣傳正確的產品。例如，他是遊戲直播主，就給他宣傳線上遊戲的產品；美食網紅千千，就給她宣傳食品及餐飲的產品。

7. **勿業配過多**：粉絲們可能不太喜歡過於商業化的網紅，業配太多可能會使網紅信賴度降低。

**圖30-17** 品牌該如何找到最適合、最佳的網紅

1 受眾明確
2 高互動率
3 具公信力
4 優質的內容品質
5 具可信度
6 具關聯契合性
7 勿業配過多、勿商業化太多

二十二、結語

　　未來幾年，仍將會是大量 KOL 及 KOC 的商業行銷方式應用，運用適合的 KOL 及 KOC 行銷及宣傳，確實會為品牌、商品知名度、商品印象度及業績銷售，帶來一定程度的助益。

# 第 31 堂課：企業官方粉絲團經營

### 一、企業官方粉絲團經營目的及功能

1. **鞏固向心力及黏著度**：官方粉絲團經營，可以鞏固及黏著粉絲們對本公司及本品牌的向心力及黏著力。
2. **提升好感度及忠誠度**：官方粉絲團經營，有助於對本品牌形象度、好感度及忠誠度之再提升。
3. **有助回購率**：官方粉絲團經營，間接有助對本品牌回購率之提升，並間接使業績提高。

**圖 31-1** 企業官方粉絲團經營目的

1. 可加強鞏固及黏著對品牌的向心力
2. 有助提升對本品牌的好感度及忠誠度
3. 有助回購率及業績提升

### 二、如何經營好企業官方粉絲團之組織

企業要如何經營好官方粉絲團呢？主要有四點：

1. 責成行銷部成立「社群小組」負全責，中小型公司成員大約 1 人～ 2 人，大型公司約 2 人～ 4 人負責。
2. 挑選合適的、年輕的、有熱情、有經驗的人員，來負責小編成員工作。
3. 公司內部應訂定社群小組工作守則及工作指引，以避免社群小組與粉絲們有不良互動。
4. 每季定期考核社群小組的工作績效如何？對於績效好的成員應給予必要獎勵。

**圖31-2　如何經營好企業官方粉絲團之組織**

1　成立行銷部社群小組為專責單位

2　挑選合適、有熱情、有經驗、年輕的小編成員

3　應訂定社群小組工作守則及工作指引

4　每季定期考核績效及給予獎勵

### 三、企業官方粉絲團小編工作守則

1　**堅守誠信原則**：各小編們必須堅守誠信原則，不可造假及欺騙粉絲們。

2. **立即回應**：小編們應立即回應粉絲們的留言意見，不可拖延或不回應。

3. **做好朋友**：小編們要秉持跟粉絲們做好朋友的心態，進行任何活動及貼文。

4. **優惠與好康**：要儘量給粉絲們一些優惠及好康活動，以引起他們看粉絲頁的興趣及動機。

5. **貼文要精簡**：任何貼文不必寫太冗長，儘量精簡文字，最好輔以圖片、漫畫及影音短片，比較吸引人看。

6. **充分尊重**：小編們要充分尊重及感謝粉絲們的意見，並提高粉絲們的互動率。

7. **對批評，要加以回應**：對於少數粉絲們的批評，合理的，我們要接受；不合理的，也要加以妥善說明及解釋。

8. **定期見面會**：每年應定期與粉絲們舉行見面會或同樂會，加強聯誼。

9. **定期貼文**：小編們應保持每天至少一篇貼文或貼圖。

## 圖 31-3　企業官方粉絲團小編工作守則

| 1 | 堅守誠信原則 | 2 | 立即回應 | 3 | 做好朋友 |

| 1 堅守誠信原則 | 2 立即回應 | 3 做好朋友 |
| 4 多給優惠與好康 | 5 貼文要精簡 | 6 充分對粉絲尊重 |
| 7 對批評要加以回應 | 8 定期舉辦見面會 | 9 每天貼文一篇 |

↓

- 必定可做好企業官方粉絲團工作！
- 必可加強粉絲們的向心力、黏著度及忠誠度！

### 問題研討

1. 請列出企業官方粉絲團經營的目的及功能為何？
2. 請問如何才能經營好企業官方粉絲團之組織？
3. 請列出企業官方粉絲團小編之工作有哪 9 點？

Chapter **13**

推廣力

# 第 32 堂課：服務行銷

## 一、服務行銷愈來愈重要

其實，服務是產品力的重要一環，消費者也愈來愈重視服務的口碑。

圖 32-1 **服務行銷日益重要**

服務行銷愈來愈重要

1 | 服務是產品力的一環

2 | 有好的服務，才會有好的口碑

3 | 好服務，才會提高顧客滿意度

## 二、服務區分為二大類

企業對顧客的服務，可以區分為二大類：

1. 第 1 類：第一線銷售服務。此係指在第一線的專櫃人員、門市店人員、專賣店人員、加盟店人員等面對顧客的接待及銷售服務。

2. 第 2 類：售後維修服務。此係指產品銷售出去之後所產生的維修技術服務；例如：手機、汽車、機車、冷氣機、冰箱、電視、吸塵器……等；或是像網購公司的物流宅配服務等亦是。

這 2 種服務，都跟顧客的口碑好不好有相關性。

圖 32-2 **服務區分為二大類**

**1**
第一線銷售人員服務的態度及專業

**2**
售後維修人員的服務專業及速度

做好這 2 類服務，就能贏得顧客的好口碑及高滿意度！

### 三、優良服務案例

茲列舉優良服務案例如下：

1. **momo 網購**：臺北市 6 小時到貨，全臺 24 小時宅配到貨。
2. **恆隆行**：代理 dyson 吸塵器 24 小時完成維修之要求。
3. **麥當勞**：24 小時歡樂送不休息。
4. **家樂福／COSTCO**：凡品質不良產品者，一律免費退換貨或退現金。
5. **中華電信**：全臺 500 店（直營門市店），方便顧客手機、繳費之服務。
6. **SOGO 百貨**：每年消費 30 萬元以上者，均享 VIP 貴賓室現場高級服務。

### 四、如何建立良好服務體制

企業應如何建立良好口碑的服務體制呢？可注意以下幾點：

1. **成立客服中心**：公司第一步要做的，就是成立專責的客服中心或是技術維修中心，以專責單位及專責人員來從事負責。
2. **訂定 SOP 規則**：其次，要先訂定好整個服務流程及服務內容的 SOP（標準作業流程），供每個人依此 SOP 來做服務，以使服務品質一致性。
3. **每月定期檢討**：接著，每月要定期一次檢討各種服務的狀況，以及改善作法，以使各種服務都是精益求精，不斷進步，使客人更滿意。
4. **新進人員教育訓練**：凡是新進客服人員及第一線銷售人員，都要接受如何服務的教育訓練課程，以提高服務的人力素質及其專業度。
5. **每年一次顧客滿意度調查**：公司應堅持每年一次做好顧客滿意度調查報告，以了解我們公司的滿意度是如何？以做為未來改善的依據。

---

**圖 32-3　如何建立良好服務體制**

**1**｜成立客服中心及技術維修中心

**2**｜訂定服務 SOP 制度及規章

**3**｜每月定期開會檢討一次

**4**｜新進客服人員及技術人員要接受教育訓練

**5**｜每年一次顧客滿意度調查

- 達成做好服務的目標！
- 有效提高顧客滿意度！

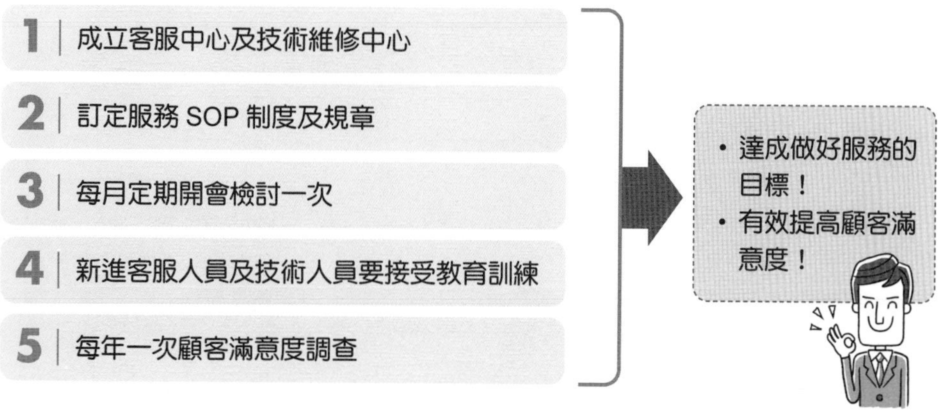

**問題研討**

1. 請說明為何服務行銷日益重要？
2. 請說明服務區分為哪二大類？
3. 請列出優良服務之企業案例至少 5 個。
4. 請列出如何才能建立良好服務制度？

# 第 33 堂課：用促銷拉抬來客數及提振業績

## 一、促銷愈來愈頻繁

促銷活動 (Sales Promotion) 在企業界及行銷界已愈做愈多，愈來愈頻繁，主要原因是它對業績的提振，確實有其明顯效果。據了解，百貨公司年底的一個週年慶促銷檔期，其業績額已占百貨公司全年度的 25% ～ 30% 之多。

| 圖 33-1 | 促銷愈來愈重要 |

| 促銷活動<br>（週年慶檔期） | 已占百貨公司全年度業績的 25% ～ 30% 之多，顯示其重要性 |

## 二、促銷的主要節慶

臺灣幾乎每個月都有重要的節慶促銷，如下：

1. 10 月～ 11 月：週年慶檔期。
2. 1 月：元旦檔期。
3. 2 月：過年春節檔期、元宵節檔案。
4. 4 月：春季購物節。
5. 5 月：母親節檔期。
6. 6 月：年中慶。
7. 8 月：父親節檔期、中元節檔期。
8. 9 月：中秋節檔期。
9. 10 月：秋季購物節。
10. 12 月：聖誕節檔期。

## 三、促銷的功能

促銷確實有如圖 33-2 所示的多種功能。

**圖 33-2　促銷的功能**

| 1 提振業績、拉高業績 | 2 去掉庫存品、過季品、報廢品 | 3 有效吸引來客數 |
| --- | --- | --- |
| 4 增加廠商的現流 | 5 鞏固老顧客、老會員 | 6 增加品牌曝光度 | 7 協助各大零售商促銷各種商品 |

- 促銷確實有多種功能！
- 促銷已成為重要行銷操作利器！

## 四、促銷方式

目前，最受歡迎與最常被使用的促銷方式（作法），有如圖 33-3 所示的主要方法。

**圖 33-3　最受歡迎的 12 種促銷方式**

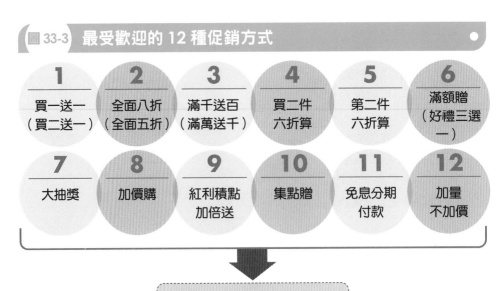

| 1 買一送一（買二送一） | 2 全面八折（全面五折） | 3 滿千送百（滿萬送千） | 4 買二件六折算 | 5 第二件六折算 | 6 滿額贈（好禮三選一） |
| --- | --- | --- | --- | --- | --- |
| 7 大抽獎 | 8 加價購 | 9 紅利積點加倍送 | 10 集點贈 | 11 免息分期付款 | 12 加量不加價 |

最受歡迎的 12 種促銷方式！

## 五、大型促銷活動舉辦注意要點

零售商或消費品公司舉辦大型促銷活動，應注意幾點：

1. 應避免缺貨、供貨不足。
2. 要有足夠的促銷優惠或折扣誘因，才能吸引人。
3. 員工應停止休假，全力配合大型促銷檔期。
4. 對外的廣告宣傳及媒體報導必須足夠，讓大家都知道。

**圖33-4　大型促銷活動舉辦注意要點**

**1** | 應避免缺貨

**2** | 要有足夠的折扣誘因，才能吸引人來

**3** | 員工應停止休假，全力配合

**4** | 對外廣告宣傳及媒體報導要足夠，讓大家都知道

成功的促銷檔期！

**問題研討**

1. 為何促銷活動愈來愈頻繁？
2. 主要促銷節慶檔期有哪些？
3. 請說明促銷的功能有哪些？
4. 請列出主要促銷方式至少 10 種。
5. 請列出大型促銷活動舉辦注意要點。

# 第 34 堂課：360 度整合行銷傳播 (IMC)

## 一、何謂 IMC

所謂 IMC (Integrated Marketing Communication)（整合行銷傳播），就是強調以 360 度的、全方位的、整合性的、虛實並進的廣告宣傳與行銷傳播方式，以求觸及到更多元消費者的目光，並能提高品牌曝光度或拉高品牌業績銷售為目的。

**圖 34-1　整合行銷傳播涵義**

何謂IMC？

- 強調以 360 度、全方位、鋪天蓋地、整合性的廣告宣傳與行銷傳播方式

- 以求觸及到更多元消費者目光，達成品牌曝光及業績成長之目標

## 二、IMC 手法有哪些

IMC 的二大類手法，一類是廣告宣傳，另一類是行銷活動舉辦，把這二種類整合在一起，以發揮最大綜效。

**圖 34-2** 廣告宣傳方式

主力媒體廣告宣傳
（占90%費用）

- 電視廣告
- 網路廣告
- 行動廣告
- 戶外廣告
- 冠名贊助廣告

輔助媒體廣告宣傳
（占10%費用）

- 報紙廣告
- 雜誌廣告
- 廣播廣告
- DM 特刊廣告

**圖 34-3** 行銷活動舉辦方式

**1** 代言人活動

**2** KOL / KOC 大網紅與微網紅活動

**3** 體驗活動

**4** 集點活動

**5** 促銷活動

**6** 聯名活動

**7** 運動贊助活動

**8** 公益活動

**9** 旗艦店活動

**10** 藝文贊助活動

**11** 貿協展覽會活動

**12** 記者會／發布會

**13** 直效行銷活動

**14** 會員面對面活動

**15** VIP 封館秀活動

### 三、IMC 執行的場合與時機

IMC 整合行銷傳播應用的場合及時機，主要以下列四種狀況時最常運用：

1. 新產品／新品牌上市時刻。
2. 大型週年慶促銷檔期宣傳時刻。
3. 大型品牌年度廣宣計劃提出時刻。
4. 第二、第三大品牌強力追趕第一品牌時機點。

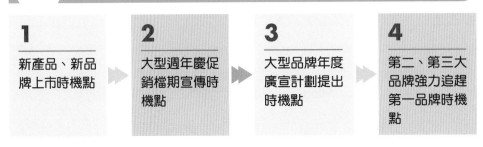

圖 34-4　IMC 執行的場合及時機點

| 1 | 2 | 3 | 4 |
| --- | --- | --- | --- |
| 新產品、新品牌上市時機點 | 大型週年慶促銷檔期宣傳時機點 | 大型品牌年度廣宣計劃提出時機點 | 第二、第三大品牌強力追趕第一品牌時機點 |

### 四、IMC 之舉例

茲以 SOGO 百貨公司每年 11 月分全臺週年慶的 IMC 廣宣活動為例，説明如下：

1. 電視廣告播放。
2. 三大報紙廣告刊登。
3. 臺北市捷運廣告刊登。
4. 臺北市公車廣告刊登。
5. 週年慶記者會／發布會宣傳。
6. 大型戶外大樓看板廣告。
7. 百貨公司內外部大張海報布置。
8. 郵寄大本 DM 專刊給會員。
9. SOGO 百貨官網宣傳。
10. SOGO 百貨官方粉絲團宣傳。
11. 網路／行動廣告刊登 (FB/IG/YT/Google/LINE)。
12. 各大媒體充分報導宣傳。

**34-5** IMC 舉例：SOGO 百貨週年慶整合型廣告宣傳方式

| **1** | **2** | **3** | **4** |
|---|---|---|---|
| 電視廣告強大播放 | 三大平面報紙廣告刊登 | 臺北市捷運廣告刊登 | 臺北市公車廣告刊登 |

| **5** | **6** | **7** | **8** |
|---|---|---|---|
| 週年慶記者會／發布會宣傳 | 戶外看板廣告刊登 | 百貨公司大張海報宣傳 | 郵寄大本 DM 專刊給會員 |

| **9** | **10** | **11** | **12** |
|---|---|---|---|
| SOGO 百貨官網宣傳 | SOGO 百貨官方粉絲團宣傳 | 網路及行動廣告刊登 | 各大媒體充分報導宣傳 |

- 達成週年慶 10 天業績 110 億元目標！
- 提撥 110 億 ×0.5% = 5,500 萬廣宣費用！

**問題研討**

1. 何謂 IMC？
2. 請列出 IMC 的手法有哪二大類內容？
3. 請列出 IMC 執行的場合及時機為何？
4. 請列出 SOGO 百貨週年慶為例，它做了哪些 IMC 廣宣活動？

# 第 35 堂課：集點行銷

## 一、集點行銷應用行業

集點行銷最常應用的行業是在零售業及餐飲業。例如，全聯超市、統一超商 7-11、全家便利商店、家樂福量販店、屈臣氏美妝店等都曾應用過集點行銷的操作。

**圖 35-1 集點行銷應用行業**

零售業

- 統一超商
- 全聯超市
- 屈臣氏美妝店

- 全家便利商店
- 家樂福量販店

經常使用集點行銷操作手法！

## 二、集點行銷目的與效果

零售業的集點行銷，其目的是想藉由集點，以增加賣場的銷售業績，提高當月、當季營收額目標。而實際上，如果集點行銷操作得當，確實可以帶來當月或當季業績的提高，大約可使業績成長 10% ～ 20% 之間，其效果確實是有的。

**圖 35-2 集點行銷的效果**

集點行銷效果

**1** 確實可提高當月或當季業績 10% ～ 20%

**2** 是有效果的行銷操作工具

### 三、集點行銷的贈品

零售業進行集點行銷的贈品，可以分成二大類：

1. 是一些可愛的公仔，例如，女性喜歡的 Hello Kitty 等，這是早期統一超商 7-11 最常見的可愛公仔贈品。
2. 是升級到家庭主婦實用的廚房用具，例如，歐洲進口的高級刀具、鍋子、盤子等；尤其是全聯超市，在這方面操作得非常成功。

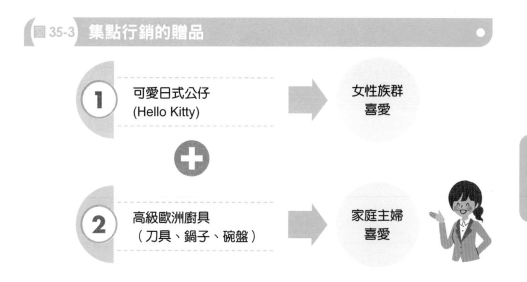

**圖 35-3　集點行銷的贈品**

1　可愛日式公仔 (Hello Kitty) ➡ 女性族群喜愛

➕

2　高級歐洲廚具（刀具、鍋子、碗盤） ➡ 家庭主婦喜愛

### 四、集點行銷操作成功要點

1. 贈品或換購品必須吸引人或是具有實用性；像可愛日式公仔或歐洲精緻廚具都是很受女性及家庭主婦歡迎的。
2. 消費累點的門檻不能太高，門檻太高，會使人失掉興趣或達不到而不滿意。
3. 對外宣傳要夠，要讓大家都知道，並且把贈品放置在超市進來門口處展示，以吸引人注意。另外，全聯及 7-11 也都會搭配電視廣告宣傳。
4. 贈品備貨量要足夠，例如，全聯有一次歐洲刀具贈品就是太熱烈而缺貨。

**圖 35-4** 集點行銷操作成功要點

1 贈品要吸引人、要具生活實用性

4 贈品備貨要足夠，不要缺貨

2 消費累點的門檻，不能訂的太高，而難以達成

3 對外廣告宣傳要足夠，使人人都知道此活動

五、集點行銷操作次數

　　集點行銷的操作次數，不能太頻繁，太頻繁的話，大家會失去興趣與能力，而且也要找出更好的贈品出來。最好，一年舉辦一次就好，最多一年二次。

**圖 35-5** 集點行銷操作次數

集點行銷操作次數

- 最好一年一次即可
- 太頻繁，則大家會失去興趣

## 六、集點行銷的效益分析

集點行銷操作的效益分析，主要如圖 35-6 所示公式。

**圖 35-6　集點行銷效益分析**

```
          營收的增加額
    ×         毛利率
    ─────────────────
          毛利額增加
    −         贈品成本
    −         廣宣成本
    ─────────────────
          實際獲利增加
```

### 具 體 效 益 數 據

**1** 該月、該季的營收額顯著成長

**2** 該月、該季的獲利有成長

### 問題研討

1. 請列出集點行銷較常應用的行業有哪些？
2. 請列出集點行銷的目的及效果如何？
3. 請列出集點行銷的贈品有哪二大類？
4. 請列出集點行銷操作成功要點有哪些？
5. 請列出集點行銷的效益分析為何？

# 第 36 堂課：代言人行銷

## 一、代言人的 4 種類

代言人行銷，主要有 4 個種類，如下：
1. 藝人代言人（演員、歌手、主持人）。
2. 推薦代言人（醫生、運動選手、律師、教授）。
3. 網紅代言人（大網紅、中網紅、微網紅）。
4. 素人代言人（上班族）。

**圖 36-1　代言人的 4 種類**

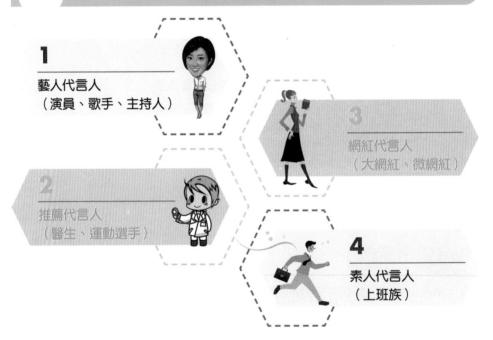

**1**
藝人代言人
（演員、歌手、主持人）

**2**
推薦代言人
（醫生、運動選手）

**3**
網紅代言人
（大網紅、微網紅）

**4**
素人代言人
（上班族）

## 二、藝人代言人的優點

找知名且形象良好的藝人做代言人，具有下列優點：
1. 可以具有吸睛效果。
2. 內在情感的移轉。
3. 可較快速拉高品牌知名度及好感度。

**圖 36-2　藝人代言人的優點**

**①** 具有吸睛效果

**②** 具有內在情感移轉

**③** 可較快速拉高品牌知名度及好感度

三、近幾年證明有成效的藝人代言人

　　近幾年來，被廠商及經紀公司認為較具有代言成效的藝人代言人，如圖 36-3 所示之人員。

**圖 36-3　具有代言成效的藝人名單**

| | | | | | |
|---|---|---|---|---|---|
| **1** 蔡依林 | **2** 張鈞甯 | **3** 桂綸鎂 | **4** 金城武 | **5** 盧廣仲 | **6** 蕭敬騰 |
| **7** 劉德華 | **8** 郭富城 | **9** 徐若瑄 | **10** 楊丞琳 | **11** 林依晨 | **12** 陳美鳳 |
| **13** 吳姍儒 | **14** 柯佳嬿 | **15** 謝震武 | **16** 賈靜雯 | **17** 林心如 | **18** 吳念真 |
| **19** 林志玲 | **20** 白冰冰 | **21** 五月天 | **22** 吳慷仁 | **23** 田馥甄 | **24** 許光漢 |
| **25** Ella | **26** Selina | **27** Janet | **28** Lulu | **29** 瘦子 | **30** 郭雪芙 |
| **31** 白家綺 | **32** 陶晶瑩 | | | | |

## 四、選擇代言人四條件

選擇藝人或知名大網紅做品牌代言人，應注意圖 36-4 所示的 4 個條件。

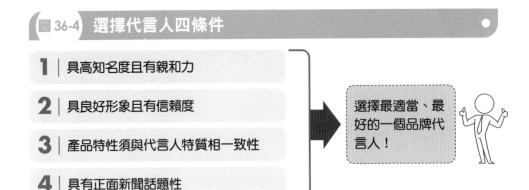

**圖 36-4 選擇代言人四條件**

**1** | 具高知名度且有親和力

**2** | 具良好形象且有信賴度

**3** | 產品特性須與代言人特質相一致性

**4** | 具有正面新聞話題性

→ 選擇最適當、最好的一個品牌代言人！

## 五、代言人費用

選擇藝人代言人，其費用較高，大致如表 36-1 所示金額。

**表36-1 藝人代言人費用**

| 等級 | 代言費 | 備註 |
|---|---|---|
| 特級藝人 | 1,000 萬元以上 | 金城武、郭富城、劉德華、林志玲 |
| A+ 級 | 500 萬～900 萬元 | 蔡依林、桂綸鎂、張鈞甯、賈靜雯 |
| A 級 | 300 萬～500 萬元 | -- |
| A- 級 | 100 萬～300 萬元 | -- |

## 六、代言人事後效益檢討評估三大面向

藝人代言人事後的效益評估，主要有三個方向：

1. 對本公司品牌的知名度、好感度及信賴度，是否較沒有代言人時，有明顯提升？
2. 對本公司業績，是否有明顯提升？
3. 代言人是否配合度良好？

**圖 36-5 代言人事後效益檢討評估**

**①**
對公司品牌力
提升，是否
有成效

**➕**

**②**
對本公司業績
提升，是否
有成效

**➕**

**③**
代言人配合度
是否良好

年度代言人效益總檢討！

## 七、代言人數據化效益分析公式

如從具體數據分析來看，如圖 36-6 所示。

**圖 36-6 代言人數據化效益分析公式**

| 代言期間業績明顯上升多少？ |
|---|
| ×　　　　　毛利率 |
| 毛利額淨增加 |
| －　　　　　代言費用 |
| －　　　　　廣告投放費用 |
| 淨利潤增加 |

**問題研討**

1. 請列出代言人 4 種類為何？
2. 請列出代言人的優點為何？
3. 請列出近年經證明有成效的藝人代言人有哪些？至少舉出 10 位。
4. 請列出選擇代言人的 4 條件為何？
5. 請列出代言人事後效益評估檢討三大面向為何？
6. 請列出代言人數據化效益分析公式為何？

# 第 37 堂課：直效行銷

## 一、何謂直效行銷

所謂直效行銷 (Direct Marketing)，即是透過 DM 特刊、EDM 電子報、手機簡訊、LINE 群組及打電話等方式，將傳播訊息，直接傳送到消費者本人的手上及眼前的行銷操作方式。

## 二、直效行銷的工具

直效行銷的操作工具，如圖 37-1 所示。

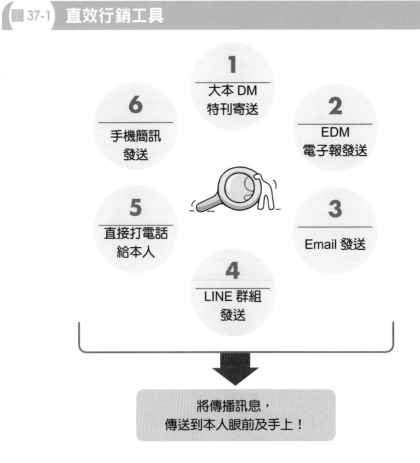

**圖 37-1　直效行銷工具**

1　大本 DM 特刊寄送
2　EDM 電子報發送
3　Email 發送
4　LINE 群組發送
5　直接打電話給本人
6　手機簡訊發送

將傳播訊息，傳送到本人眼前及手上！

### 三、直效行銷的優點

直效行銷方法雖傳統，但仍有其優點，如下：

1. 投入成本較低，較電視、網路、報紙等廣告費，相對便宜很多。
2. 相關訊息，可以直達會員手上，不會成為垃圾訊息。

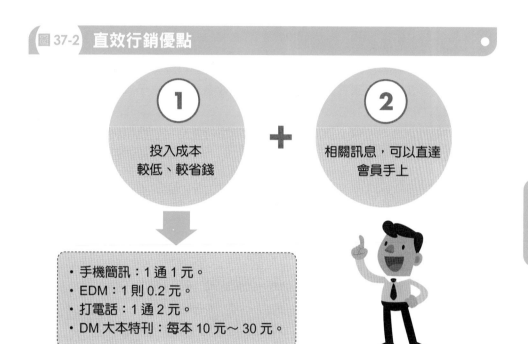

**圖 37-2 直效行銷優點**

**①** 投入成本較低、較省錢

**+**

**②** 相關訊息，可以直達會員手上

- 手機簡訊：1 通 1 元。
- EDM：1 則 0.2 元。
- 打電話：1 通 2 元。
- DM 大本特刊：每本 10 元～ 30 元。

### 四、直效行銷經常使用行業別

主要是零售業經常使用到直效行銷方式，例如：

1. SOGO 百貨。
2. 新光三越百貨。
3. COSTCO 量販店。
4. 全聯超市。
5. 家樂福量販店。
6. 屈臣氏。
7. 京站百貨。

### 五、直效行銷成本較低

直效行銷的成本花費較低，例如：

1. 手機簡訊：1 通 1 元。
2. EDM：1 則 0.2 元。
3. 打電話：1 通 2 元。
4. DM 大本特刊：每本 10 元～ 30 元。

### 六、直效行銷注意要點

運用直效行銷的注意要點有：

1. 有很多年未來店購買的名單，已成為無效名單，應該予以剔除，不要再寄大本 DM 特刊了。
2. 直效行銷運用時機，以舉辦大型促銷檔期時才為之，比較會有效果。
3. 直效行銷運用，有時可用二種方式並進；例如，大本 DM 特刊郵寄外，也可發手機簡訊給顧客知道，以加強顧客來店的意願刺激。

**圖 37-3　直效行銷注意要點**

**1**｜無效名單應予以刪除，不必再寄 DM 特刊了

**2**｜直效行銷應用時機，以舉辦大型促銷檔期時為之

**3**｜直效行銷可運用多種工具並用之，例如，寄 DM 特刊加手機簡訊告之

### 七、直效行銷效益分析

茲以 10 萬人次為受眾，舉例如下：

・郵寄大本 DM 特刊成本：

$$
\begin{array}{r}
10\ 萬人 \\
\times\quad 30\ 元（每本） \\
\hline
300\ 萬元成本
\end{array}
$$

・發簡訊成本：

$$\begin{array}{r} 10\ 萬人 \\ \times \qquad 1\ 元 \\ \hline 10\ 萬元成本 \end{array}$$

・10 萬人次 ×30% 回應率
　＝ 3 萬人到店消費

$$\begin{array}{r} ・\qquad 3\ 萬人 \\ \times\quad 5{,}000\ 元（每人 5{,}000 元消費） \\ \hline 1.5\ 億元業績收入 \end{array}$$

・1.5 億元 ×30% 毛利收入
　＝ 4,500 萬元

・4,500 萬元－ 300 萬元 DM 特刊 成本－ 10 萬元簡訊成本
　＝ 4,190 萬元淨利收入

結論：此次直效行銷是有正面效果的！

## 問題研討

1. 請說明何謂直效行銷？
2. 請列出直效行銷之優點為何？
3. 請列出直效行銷經常使用在哪些行業？
4. 請列出直效行銷花費成本如何？
5. 請說明直效行銷注意要點。

# 第 38 堂課：店頭（賣場）行銷

## 一、店頭行銷日益重要

店頭行銷又稱為「最後一哩行銷」(Last-mile Marketing)，它是透過在店頭內或賣場內的廣告宣傳品及廣告製作物特別陳列，以吸引消費者目光，並希望影響到消費者的購買行為。

**圖 38-1　店頭行銷日益重要**

- 店頭行銷 (In-store Marketing)
- 最後一哩行銷 (Last-mile Marketing)

- 吸引消費者目光！
- 提高被選購的機會！

## 二、店頭行銷的 6 個呈現方式

店頭行銷在賣場內可以呈現的方式，計有 6 種型式，如下：

1. 在賣場內，舉辦試吃、試喝攤位，會增加消費者對該品牌的注意度。
2. 在賣場內，設置「特別造型物」的陳列，以吸引消費者目光。
3. 包裝式促銷 (On Pack Promotion)，亦即在產品外包裝上寫著：買一送一、買二送一、加贈 200 克、加附贈品……等吸引人的促銷作法。
4. 在陳列架上的各種「插牌」，凸顯品牌吸引力。
5. 藝人代言的照片「人形立牌」，放在商品陳列架旁邊，以吸引本品牌。
6. 還有陳列架旁各式吊牌、大型海報貼紙等。

**圖 38-2 店頭行銷 6 個呈現方式**

| 1 設置「特別造型物」陳列 | 4 利用各種陳列架上的插牌 |
|---|---|
| 2 舉辦試吃、試喝攤位 | 5 利用藝人代言人的人形立牌 |
| 3 利用包裝式促銷方式 | 6 各式大型吊牌、海報、貼紙 |

- 吸引消費者目光！
- 增加被挑選購買的機會！

三、店頭行銷的功能

執行店頭行銷，可具有如圖 38-3 所示的行銷功能。

**圖 38-3 店頭行銷四大功能**

| **1** | **2** | **3** | **4** |
|---|---|---|---|
| 可吸引更多消費者注目及觀看 | 可增加該品牌曝光機會 | 可提高該品牌的印象度及知名度 | 可提高此品牌被選購機會，拉高銷售業績 |

店頭行銷值得做！應該重視！

四、總合行銷戰力

行銷的勝利方程式，如圖 38-4 所示。

圖 38-4　總合行銷戰力

① 店頭力　＋　② 商品力　＋　③ 品牌力　＝　總合行銷戰力

**問題研討**

❶ 請說明店頭行銷為何日益重要？
❷ 請說明店頭行銷的 6 個呈現方式為何？
❸ 請說明店頭行銷的功能為何？
❹ 請列出總合行銷戰力的 3 個成分為何？

# 第 39 堂課：聯名行銷（異業合作行銷）

## 一、聯名行銷的意義

聯名行銷係指 2 家品牌公司，以各自品牌加上別家品牌聯名合作，共同推出雙品牌，以加大品牌聲量，有利於各自品牌的銷售業績。

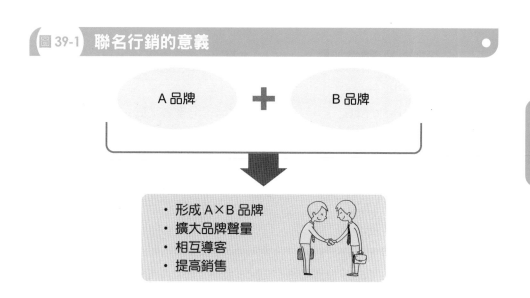

**圖 39-1 聯名行銷的意義**

A 品牌 ＋ B 品牌

↓

- 形成 A×B 品牌
- 擴大品牌聲量
- 相互導客
- 提高銷售

## 二、聯名行銷示例

茲列舉近幾年來，各行業的聯名行銷案例，如圖 39-2 所示。

**圖 39-2　聯名行銷示例**

| 示例 1 | 全家便利商店 × 鼎泰豐 | 推出鮮食便當 |
| 示例 2 | 全家便利商店 × 臺鐵便當 | 推出鮮食便當 |
| 示例 3 | 7-11 × 晶華大飯店 | 推出冬季小火鍋 |
| 示例 4 | 麥當勞 × 森永牛奶糖 | 推出夏季冰淇淋 |
| 示例 5 | 7-11 × Hello Kitty | 推出公仔集點活動 |
| 示例 6 | 康是美 × 7-11 | 推出複合店雙品牌 |

### 三、聯名行銷目的及功能

聯名行銷具有下列功能：

1. 可以加大雙品牌的媒體聲量。
2. 有利於廣告宣傳的品牌露出報導。
3. 有利雙方資源與客源的相互導客及交換。
4. 有利於短期內雙方銷售業績的提升。

**圖 39-3　聯名行銷功能**

**①** 加大雙品牌廣告聲量　　**②** 可相互導客　　**③** 可短期提高業績

### 四、聯名行銷注意要點

1. 要考量聯名品牌對象是否適當？是否合宜？是否會加分？
2. 要考量聯名品牌對象的客源與本公司品牌客源，是否會相互導客？
3. 要考量對方提出的條件是否合理可以接受？
4. 要考量雙方合作的綜效是否會產生？預期效益如何？

**圖 39-4　聯名行銷注意要點**

1　考量與合作對象品牌是否會加分

2　考量是否雙方可以互相導客

3　考量對方提出條件是否合理

4　考量綜效是否產生？預期效益如何

**問題研討**

1. 請說明聯名行銷的意義。
2. 請列舉聯名行銷至少 3 個案例。
3. 請列出聯名行銷的目的及功能。
4. 請列出聯名行銷注意要點。

# 第 40 堂課：旗艦店行銷

## 一、旗艦店示例

例如蘋果 iPhone 手機、LV、GUCCI、CHANEL、DIOR、Cartier、ROLEX、SEIKO……等，都有它的旗艦店。

## 二、旗艦店功能

旗艦店的主要功能，如圖 40-1 所示。

**圖 40-1 旗艦店功能**

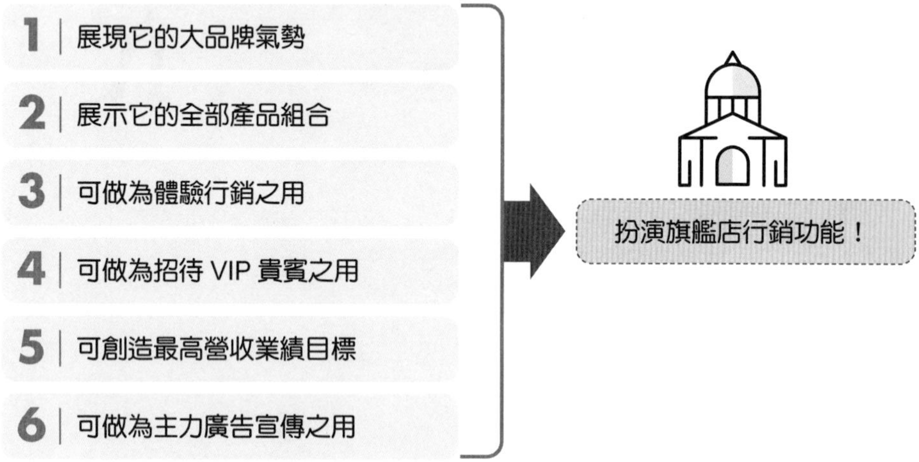

**1** | 展現它的大品牌氣勢

**2** | 展示它的全部產品組合

**3** | 可做為體驗行銷之用

**4** | 可做為招待 VIP 貴賓之用

**5** | 可創造最高營收業績目標

**6** | 可做為主力廣告宣傳之用

扮演旗艦店行銷功能！

## 三、旗艦店行銷要項

旗艦店行銷要項，須注意下列幾點：

1. 要用最貴的、最奢華的設計與裝潢預算。
2. 要聘用最高素質的旗艦店店長及店員。
3. 要展現最高檔的服務品質與最完美的服務。
4. 要培訓出最佳銷售技能與產品知識的頂級銷售人員。
5. 要展出全球最新的產品系列出來。

**圖 40-2 旗艦店行銷注意要項**

**1**
用最貴的、最奢華的設計與裝潢預算

**2**
聘用最高素質的店長及店員

**3**
展現最高頂級的服務水平

**4**
培訓出最佳銷售技能與產品知識的銷售人員

**5**
展出全球最新的產品系列出來

**問題研討**

1. 請列出旗艦店行銷之功能何在？
2. 請列出旗艦店行銷的要項有哪些？

## 一、高端市場示例

茲列舉一些高端市場與產品的案例,如圖 41-1 所示。

### 圖 41-1 高端市場示例

**1 高端名牌包**

- LV(路易威登)
- GUCCI(古馳)
- HERMÈS(愛馬仕)
- CHANEL(香奈兒)
- DIOR(迪奧)
- PRADA(普拉達)
- FRENDI(芬迪)

**2 高端汽車**

- BENZ
- BMW
- 瑪莎拉蒂
- 法拉利
- 勞斯萊斯

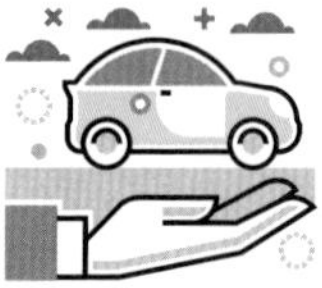

**3 高端手錶**

- ROLEX(勞力士)
- PP(百達翡麗)
- 伯爵錶
- 愛彼錶

**4 高端鑽石**

- Cartier(卡地亞)
- 寶格麗

**5 高端家電**

- dyson(戴森)
- BOSCH
- 伊萊克斯

## 二、高端產品行銷宣傳作法

茲列舉一些高端產品在行銷宣傳方面的作法,如圖 41-2 所示。

## 圖 41-2 高端產品行銷宣傳作法

**1** 舉辦大型記者會、發布會

**2** 電視廣告投放宣傳

**3** 財經、女性知名雜誌廣告投放宣傳

**4** 儘量在電視、報紙、雜誌、網路做新聞報導及露出

**5** 在平面紙媒消費版做報導

**6** 舉辦新產品秀展及走秀

**7** 舉辦 VIP 體驗會

**8** 舉辦大型巡迴展示會

**9** 專屬 DM 信函寄達

**10** 舉行 VIP 娛樂晚會

**11** 舉辦頂級旗艦店行銷宣傳

**12** 利用專賣店的店招牌宣傳

**13** 在商業圈做大型戶外看板廣告

**14** 週年慶特別優惠活動

**15** 參加貿協年度汽車展覽會

Chapter **13**

推廣力

### 三、高端產品的服務作法

高端產品的服務作法，主要要注意如圖 41-3 所示。

**圖 41-3　高端產品的服務作法**

**1**
聘用最高素質與最體面的店長及店員

**2**
最完整的銷售技能與產品知識培訓訓練

**3**
派車、專人、專車的接送服務

**4**
最頂級、最貼心、最完美、最客製化與一對一的專屬服務

**問題研討**

① 請列舉高端市場之 4 個案例。

② 請列出高端產品行銷宣傳作法至少 10 項內容。

Chapter **14**

# 通路力

# 第 42 堂課：實體零售商與網購零售商

## 一、主流實體零售商代表

國內消費品、耐久性商品或專櫃式商品等，要有業績明顯成長，一定要上架到主流的實體零售商店及賣場去，才能有銷售成果。茲列舉如圖 42-1 所示。

### 圖 42-1　主流實體零售商代表

**1 超市**
- 全聯：1,200店
- 美廉社：800店

**2 便利商店**
- 7-11：6,800店
- 全家：4,200店
- 萊爾富：1,400店
- OK：900店

**3 量販店**
- 家樂福：320店
- 大潤發：22店（已於2021年11月，被全聯收購了）
- 愛買：15店
- 好市多：14大店

**4 百貨公司**
- 新光三越：20館
- SOGO：8館
- 遠東百貨：11館
- 微風百貨：7館
- 統一時代：2館
- 漢神百貨：2館

**5 購物中心及大型 outlet**
- 環球
- 大直美麗華
- 大江
- 台茂
- 林口三井outlet
- 桃園華泰outlet
- 高雄義大世界
- 臺中三井outle

**6 美妝、藥妝店**
- 屈臣氏：550店
- 康是美：400店
- 寶雅：350店

**7 藥局**
- 大樹：250店
- 杏一：230店
- 躍獅：120店
- 丁丁：100店
- 維康：80店

**8 資訊 3C、家電**
- 燦坤：250店
- 全國電子：200店
- 順發3C：120店
- 大同3C：150店

**9 五金百貨**
- 寶家：50店
- 振宇：100店

**10 運動用品**
- 迪卡儂：10店

## 二、主流網購零售商代表

目前，國內較大且知名的主流網購零售商代表公司如圖 42-2 所示。

### 圖 42-2　主流網購零售商代表

| 1 momo 購物網 | 2 PChome 購物 | 3 蝦皮購物 | 4 雅虎奇摩 購物 | 5 博客來 網購書店 |

| 6 臺灣樂天 購物 | 7 生活市集 購物 | 8 東森購物網 | 9 愛上新鮮 網購物 | |

### 問題研討

1. 請列出國內超市、便利商店、百貨公司、量販店、美妝／藥妝店之零售公司名稱為何？
2. 請列出國內前五大主流網購電商有哪些公司？

# 第 43 堂課：O2O 與 OMO（線上與線下融合）

## 一、何謂 O2O 與 OMO

所謂 O2O 與 OMO 的意思為：

1. O2O：
   - Online to Offline
   - 線上與線下整合
2. OMO：
   - Online Merge Offline
   - 線上與線下融合

其實，O2O 與 OMO 意義很相近，都表示：

- 線上購物與線下購物均要做，也均要提供給消費者最大的方便性、便利性及快速性。
- 或是線上訂購，可以到線下去領取等融合的方便性。

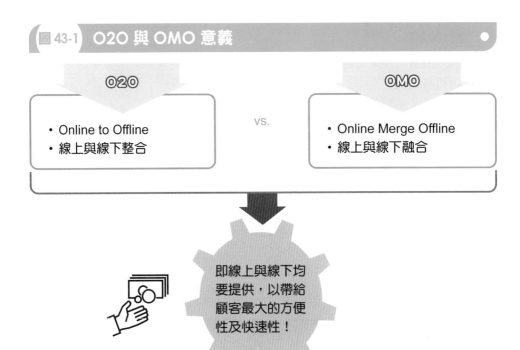

**圖 43-1　O2O 與 OMO 意義**

O2O
- Online to Offline
- 線上與線下整合

VS.

OMO
- Online Merge Offline
- 線上與線下融合

即線上與線下均要提供，以帶給顧客最大的方便性及快速性！

## 二、O2O 與 OMO 之功能

O2O 與 OMO 之功能，主要有以下 2 點：

1. 帶給顧客更大的方便性、便利性、24 小時均可購物、無所不在的購物環境。

2. 可使顧客的滿意度更高。

 O2O 與 OMO 之功能

 帶給顧客更大的方便性、便利性、24 小時均可購物、無所不在的購物環境

 可使顧客的滿意度更高

## 三、同時提供線上與線下購物的大型零售商

目前，能提供線上虛擬網購與線下實體零售店的大型零售商，主要如圖 43-3 所示。

**圖 43-3** 同時提供線上與線下購物服務大型零售商

| 1 | 全聯超市 | 2 | 家樂福量販店 | 3 | 誠品書局 | 4 | SOGO 百貨公司 |
|---|---|---|---|---|---|---|---|
| 5 | 新光三越百貨 | 6 | 屈臣氏 | 7 | 康是美 | 8 | COSTCO（好市多） |
| 9 | 統一超商 7-11 | 10 | 全家便利商店 | 11 | 遠東百貨公司 | 12 | 屈臣氏 康是美 寶雅 |

同時提供 OMO 線上與線下
融合購物環境！

**問題研討**

1. 何謂 O2O 與 OMO？
2. 請問 O2O 與 OMO 之功能為何？

# 網路廣告

# 第 44 堂課：網路廣告主要流向及其計價方法

## 一、網路廣告主要流向

國內一年 200 多億元的網路廣告量，其中 90% 主要流向下列：

1. FB
2. IG
3. YT
4. Google 關鍵字
5. Google 聯播網
6. LINE
7. 新聞網站（ETtoday、udn、中時新聞網、自由新聞網、蘋果新聞網、NOWNEWS）
8. 雅虎奇摩入口網站
9. Dcard

**圖 44-1　網路廣告主要流向**

| 1 FB (Facebook) | 2 IG (Instagram) | 3 YT (YouTube) |
| 4 Google 關鍵字 | 5 Google 聯播網 | 6 LINE |
| 7 新聞網站 | 8 雅虎奇摩 | 9 Dcard |

- 占一年 200 多億網路廣告量的 90% 之多！
- 是最重要的網路媒體！

## 二、網路廣告計價方法

實務上，網路廣告的計價方法，最主要的有三種方法，如下述：

**1. CPM 法：**

- CPM 法即 Cost Per 1,000 Impression，或 Cost Per Mille，即每千人次曝光成本計價法。
- 目前，FB、IG、新聞網站內容網站及 LINE 等，大部分均採用此法。
- 目前，FB 及 IG 的每個 CPM 價格，大約在 100 元～ 300 元之間。

〈舉例〉

假設每個 CPM 報價 200 元，要達到 100 萬人次曝光，則要花費多少廣告費？

200 元 ×1,000 個 CPM ＝ 20 萬元廣告費。

**2. CPC 法：**

- 即 Cost Per Click，每一個點擊之成本計價法。
- 目前，FB、IG、Google 聯播網、Google 關鍵字等，均採用此法。
- 此法之價格，目前為每個 CPC 為 8 元～ 10 元之間。

〈舉例〉

假設每個CPC為8元，則要有 10 萬次的點擊廣告，需付出多少廣告費？

8 元 ×10 萬次＝ 80 萬元廣告費。

**3. CPV 法：**

- 即 Cost Per View，每觀看一次之成本計價法。
- 目前，以 YouTube 為主力，每一個 CPV 價格約在 1 元～ 2 元之間。

〈舉例〉

假設每個CPV為1元，要觀看 10 萬次廣告影片，則需付出多少廣告費？

1 元 ×10 萬次＝ 10 萬元廣告費。

**圖 44-2 網路廣告 3 種計價法**

| **1** CPM 法 | **2** CPC 法 | **3** CPV 法 |
| --- | --- | --- |
| · Cost Per Mille<br>· 每千人次曝光成本<br>· 每個 CPM 約在 100 元～ 300 元之間 | · Cost Per Click<br>· 每次點擊之成本計價法<br>· 每個 CPC 約為 8 元～ 10 元之間 | · Cost Per View<br>· 每次觀看之成本計價法<br>· 每個 CPV 約在 1 元～ 2 元之間 |

此外，還有比較少用到的計價法，包括：

1. CPA：Cost Per Action

   即：每個有效行動成本之計價法。

2. CPS：Cost Per Sales

   即：每個銷售成交成本之計價法。

3. CPL：Cost Per Lead

   即：每筆名單獲得成本之計價法。

## 三、網路廣告目標

廠商投放網路廣告的目標有哪些呢？如下：

1. 為求曝光數。

2. 為求點擊數。

3. 為求觀看數。

4. 為求轉換率。

5. 最終，為求提高品牌力。

6. 最終，為求提高業績力。

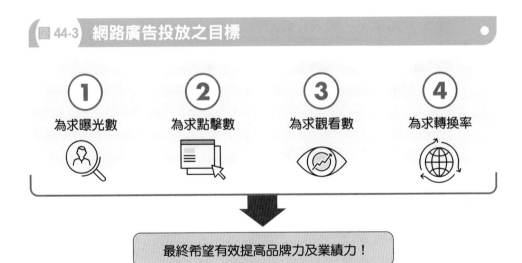

**圖 44-3 網路廣告投放之目標**

| ① 為求曝光數 | ② 為求點擊數 | ③ 為求觀看數 | ④ 為求轉換率 |

最終希望有效提高品牌力及業績力！

## 四、轉換率

轉換率稱為 Conversion Rate，簡稱 CR 比率。

〈例如〉

　　點擊 100 次，而實際成交的有 5 次，故轉換率為 5%（5 次 ÷ 100 次＝ 5%）。

**圖 44-4　CR（轉換率）**

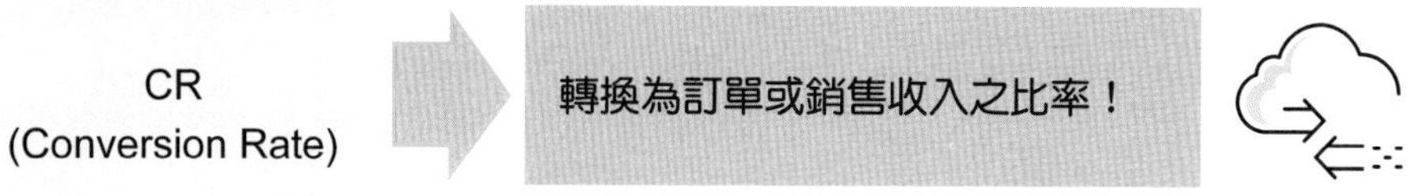

CR
(Conversion Rate)

轉換為訂單或銷售收入之比率！

**問題研討**

1. 請列出國內一年 200 億網路廣告量，其中 90% 都流到哪裡去了？
2. 請說明下列三項最主要的網路廣告計價方法之意義及應用在哪裡？
   (1)CPM 法　(2) CPC 法　(3) CPV 法
3. 請列出網路廣告之目標有哪些？

# Chapter 16

# 行銷（廣宣）預算

第 45 堂課　　行銷（廣宣）預算概述

# 第 45 堂課：行銷（廣宣）預算概述

## 一、何謂行銷預算

公司每年提撥一定金額，做為行銷部門廣告宣傳及其他工作之用，以為公司達成打造品牌力及間接提高業績之作用。英文稱為 Marketing Budget。

## 二、行銷預算應提列多少

一家公司的行銷預算應提列多少，主要看下列三項狀況而定：

1. 看競爭對手提撥多少而應變。
2. 依年度營收額的某個固定百分比而定；此百分比約為 1% ～ 6% 之間。
3. 看公司特別目標與特別目的而定。

**圖 45-1　行銷預算應提撥多少**

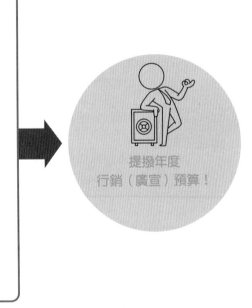

**1** 依公司年營收額的 1% ～ 6% 之間而定

**2** 要看競爭對手的變化而應變

**3** 要看公司特別目標及特別任務而定

提撥年度
行銷（廣宣）預算！

## 三、各品牌行銷預算案例

茲列舉實務上一些行銷預算案例，如圖 45-2。

## 圖 45-2　各品牌行銷預算金額

**1** 茶裏王
20 億 ×2% =
4,000 萬元

**4** 林鳳營鮮奶
30 億 ×2% =
6,000 萬元

**3** City Cafe
130 億 ×0.5%
= 6,500 萬元

**4** 統一超商 7-11
1,700 億 ×0.1%
= 1.7 億元

**5** 麥當勞
150 億 ×2% =
3 億元

**6** 純濃燕麥
10 億 ×6% =
6,000 萬元

**7** 愛上新鮮網
12 億 ×7% =
8,400 萬元

**8** 瑞穗鮮奶
50 億 ×1% =
5,000 萬元

**9** 全聯超市
1,500 億 ×2%
= 3 億元

**10** 桂格
100 億 ×3% =
3 億元

**11** 好來牙膏
20 億 ×6% =
1.2 億元

**12** Panasonic
250 億 ×1% =
2.5 億元

### 四、行銷預算之功能與目的

行銷（廣宣）預算的功能、目的，主要有下列三項：

1. 打造及維繫品牌力、品牌地位及品牌資產價值。
2. 間接促進、提高年度營收業績。
3. 協助整個企業的良好形象。

## 圖 45-3　行銷（廣宣）預算功能、目的

打造及維繫品牌力、品牌地位、品牌資產價值

**1**　**2** 間接提高銷售業績

行銷預算

**3** 協助整個企業的良好形象

## 五、行銷預算花費項目

行銷（廣宣）預算花費的主要項目，如圖 45-4 所示。

**圖 45-4　行銷預算花費項目**

**80%**
- 花費在各種媒體廣告費
- 尤其以電視及網路廣告為大宗

**+**

**20%**
- 花費在各種行銷活動舉辦
- 例如：記者會、體驗活動、店頭行銷、VIP 招待會、晚會……等

## 六、行銷預算支出要注重 ROI

行銷（廣宣）預算每年支出，經常高達數千萬元～數億元之多，因此要高度重視及檢討它的 ROI（Return On Investment，投資報酬率、投資效益）；希望每一筆行銷支出，都能花在刀口上，並且產生出對品牌、對業績、對形象等三者都有正面的效果出來！

**圖 45-5　行銷預算支出要注重 ROI**

每年行銷（廣宣）預算支出

1 | 注重 ROI

2 | 注重投資效益

3 | 注重對品牌、對業績、對形象有正面效果

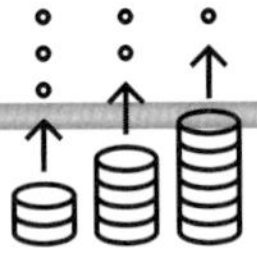

## 問題研討

1. 請說明何謂行銷預算之意義？
2. 行銷預算應提列多少之 3 種狀況為何？
3. 請列出至少 5 個品牌的行銷預算案例。
4. 請列出行銷預算之功能與目的為何？
5. 請列出行銷預算花費的二大類項目為何？
6. 請問何謂行銷預算支出要注重其 ROI？何謂 ROI？

# Chapter 17

# 電視媒體與電視廣告購買分析

# 第 46 堂課：電視媒體分析

## 一、電視媒體五大類

國內電視媒體，大致可細分為五大類，如下：

1. 無線電視臺：台視、中視、華視、民視。
2. 有線電視臺：三立、東森、TVBS、緯來、福斯、中天、八大、年代、非凡。
3. 公共電視臺：公視、客家臺、原住民臺、台語臺。
4. OTT TV：串流影音平臺。Netflix（網飛）、Disney+、愛奇藝、LINE TV、friDay、My Video、LiTV 等。
5. MOD：中華電信的網路電視。

圖 46-1　電視媒體五大類

| 1 | 2 | 3 | 4 | 5 |
|---|---|---|---|---|
| 無線電視臺 | 有線電視臺 | 公共電視臺 | OTT TV | MOD（中華電信） |

## 二、有線電視臺與無線電視臺收視占有率之比

目前，有線電視臺的收視率大於無線電視臺，其占比約為 90%：10%，有線電視頻道收視率遠高於無線電視臺。收視率占比差距大，主要原因是：有線電視臺的頻道數量比無線電視臺多的緣故。

圖 46-2　收視率占比

有線電視臺　對　無線電視臺
90%　　　10%

### 三、有線電視頻道類型

有線電視頻道類型，非常多樣化、多元化，主要有如圖 46-3 所示的 12 種類型頻道。在圖中所述各臺中，以新聞臺收視率最高，廣告量也最高；其次，為綜合臺次高；其他在後面。

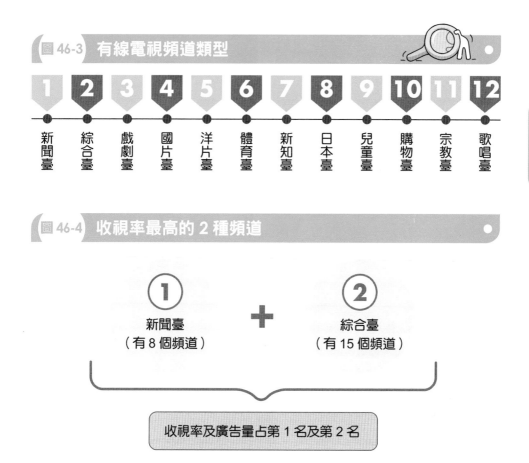

### 四、有線電視公司廣告營收前 4 名

在各有線電視臺中，廣告營收居前 4 名的電視臺如下：

1. 第 1 名：三立電視臺。（廣告年營收 35 億）（4 個主力頻道）
2. 第 2 名：東森電視臺。（廣告年營收 33 億）（8 個主力頻道）
3. 第 3 名：TVBS 電視臺。（廣告年營收 25 億）（3 個主力頻道）
4. 第 4 名：民視。（廣告年營收 17 億）（新聞臺＋無線臺）

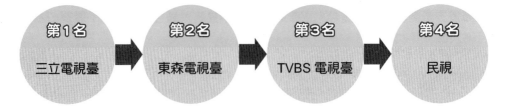

**圖 46-5　居前 4 名廣告收入的電視臺**

| 第1名 | | 第2名 | | 第3名 | | 第4名 |
|---|---|---|---|---|---|---|
| 三立電視臺 | ➡ | 東森電視臺 | ➡ | TVBS 電視臺 | ➡ | 民視 |

## 五、電視年廣告量收入

電視的每年廣告量收入，大約 200 億元，其中：

1. 無線電視廣告收入：25 億。
2. 有線電視廣告收入：175 億。

**圖 46-6　電視每年廣告量總收入**

| 無線電視<br>25 億 | ➕ | 有線電視<br>175 億 | ➡ | 200 億<br>廣告收入 |
|---|---|---|---|---|

## 六、有線電視臺各種收入來源

有線電視臺的各種收入來源如下：

1. 廣告收入：占 70%。
2. 第四臺（系統臺）頻道版權收入：占 20%。
3. 其他（商品、海外版權收入）：占 10%。

**圖 46-7　有線電視臺各種收入來源**

| ① 廣告收入<br>（占 70%） | ➕ | ② 系統臺頻道版權<br>收入（占 20%） | ➕ | ③ 其他收入<br>（占 10%） |
|---|---|---|---|---|

## 七、各頻道家族特色

1. TVBS：以新聞節目為最大特色，新聞臺收視第一。
2. 三立／民視：以 8 點檔閩南語連續劇為最高收視率。
3. 東森：以 8 個多元化頻道提供為最大特色。

**圖 46-8  各頻道家族特色**

| **1** | TVBS | **2** | 三立／民視 | **3** | 東森 |

以新聞節目為特色，居第一名

以每天 8 點檔閩南語連續劇收視率最高

同時提供多元化 8 個頻道為特色，頻道數最多

## 八、年輕族群不看電視

根據尼爾森收視率顯示，20 歲～ 39 歲年輕族群不看電視，故此階層的收視率很低。而 40 歲～ 70 歲的收視率則較高。

## 九、開發商品收入

由於廣告收入已固定，不再成長，故有線電視臺轉向商品開發及銷售，比較有成果的是：

1. 民視：消費高手及娘家 2 個品牌最知名，很成功。
2. TVBS：享食尚保健食品。
3. 非凡：樂健非凡保健食品。

**圖 46-9  電視臺開發商品收入**

| **1** 民視 | **2** TVBS | **3** 非凡 |
| --- | --- | --- |
| · 娘家品牌<br>· 消費高手品牌 | · 享食尚品牌 | · 樂健非凡品牌 |

**問題研討**

1. 請列出電視媒體五大類為何？
2. 請列出有線臺與無線臺收視率占有率之比為多少？
3. 請列出有線電視頻道類型有哪幾種內容？
4. 請列出收視率最高的 2 種有線電視頻道為何？
5. 請列出有線電視公司廣告營收前 4 名的電視臺為何？
6. 有線及無線臺的年度廣告營收約多少？
7. 目前，有線電視臺在產品開發收入最有成效的是哪 3 家？

# 第 47 堂課：電視廣告預算如何花費

## 一、電視廣告預算金額

一般而言，電視廣告預算金額大概是該品牌年營收的 1% ～ 6% 為基準。例如：

1. 茶裏王：年營收 20 億 ×2% ＝ 4,000 萬元。
2. 林鳳營鮮奶：30 億 ×1.5% ＝ 4,500 萬元。
3. 純濃燕麥：10 億 ×4% ＝ 4,000 萬元。
4. 麥當勞：150 億 ×2% ＝ 3 億元。

簡言之，單一品牌每年電視廣告費用約 3,000 萬元～ 2 億元之間為適當。

### 圖 47-1　電視廣告預算金額

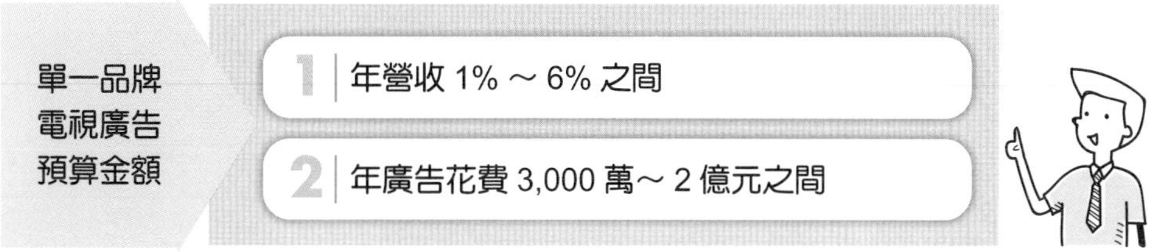

| 單一品牌電視廣告預算金額 | 1 年營收 1% ～ 6% 之間 |
| | 2 年廣告花費 3,000 萬～ 2 億元之間 |

## 二、電視廣告計價方法

1. 電視廣告計價法，目前以每 10 秒 CPRP 計價法為基準，平均每 10 秒 CPRP 為 3,000 元～ 7,000 元之間。
2. 其中，以新聞臺收視率最高，其 CPRP 價格也為最高，平均每 10 秒在 5,000 元～ 7,000 元之間。
3. 其次，以綜合臺收視率為次高，其 CPRP 價格在 4,000 元～ 5,000 元之間。
4. 電影臺的 CPRP 價格在 3,000 元～ 4,000 元之間。
5. 兒童臺最低，CPRP 價格在 1,000 元～ 2,000 元之間。
6. 所謂 CPRP，即 Cost Per Rating Point，即每達 1.0 收視率之成本計價法。
7. 例如，某支廣告片 30 秒，在 TVBS 晚間新聞的收視率 1.0 播出，TVBS 的

CPRP 價格為 7,000 元，請問連續播出 14 天，每天 3 次，則需花費多少費用？

答：7,000 元 ×3×14 天 ×3 次＝ 88.2 萬元廣告費用花費。

　　總計播出 14×3 ＝ 42 次。

**圖 47-2　電視廣告計價法**

# CPRP計價法（每10秒）

CPRP 英文為：cost per rating point，
即每個收視率之成本計價法

- 新聞臺：
  5,000 元～ 7,000 元

- 綜合臺：
  4,000 元～ 5,000 元

- 電影臺：
  3,000 元～ 4,000 元

- 體育臺：
  2,000 元～ 3,000 元

- 兒童臺：
  1,000 元～ 2,000 元

三、GRP 之涵義

1. GRP 即 Gross Rating Point，即廣告播出後，其收視點數總和之意思，又可以説是廣告總曝光率大小或總廣告聲量之大小。

2. GRP ＝ Reach×Frequence ＝觸及率 × 頻次。

3. 例如 GRP ＝ 300 點，即代表：GRP ＝ 75% 觸及率 ×4 次頻次＝ 300 點。

4. 一般來説，平均每一波電視廣告量播出以 2 週為基準，GRP 約可達到 300 點，其播出次數約可達到 1,000 次之多，此時，花費總廣告費用約 500 萬元左右。（註：播出 1,000 次 × 每次 0.3 收視率＝ 300 點）。

　 GRP 愈高，代表此支廣告片曝光率愈高，廣告總聲量也愈大；但所支出

廣告費用也愈多。一般來說，GRP 適中即可，GRP 太高，可能是浪費廣告支出了。

5. 如果某品牌一年有 4,000 萬元電視廣告預算，則可以在一年中播出 8 個波次，每波段花費 500 萬元，合計一年 8 波，花費 4,000 萬元，是比較理想的支出方式。

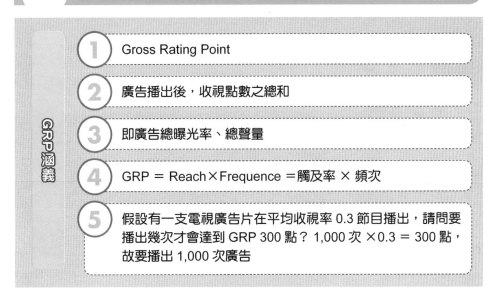

圖 47-3　GRP 涵義

GRP 涵義

1. Gross Rating Point
2. 廣告播出後，收視點數之總和
3. 即廣告總曝光率、總聲量
4. GRP = Reach×Frequence ＝觸及率 × 頻次
5. 假設有一支電視廣告片在平均收視率 0.3 節目播出，請問要播出幾次才會達到 GRP 300 點？1,000 次 ×0.3 ＝ 300 點，故要播出 1,000 次廣告

## 四、電視廣告功效在哪裡

到底，電視廣告總量 1 年 200 億元，其主要功效在哪裡呢？主要是：

1. **第一個功效**：是對該支廣告片的品牌效果加分，也就是會提高該品牌的知名度、印象度及好感度。
2. **第二個功效**：是對該品牌業績的增加，具有間接促進效果，但不是百分之一百。因為，涉及該品牌業績效果的因素非常多，是多個因素所造成，絕不是單一因素。

**圖 47-4** 電視廣告的功效

對品牌力提高
（直接效果）

＋

對業績力促進
（間接效果）

電視廣告的二大功效

### 五、電視廣告對哪個族群較有效

電視廣告對 40 歲～ 70 歲的中年及老年族群較有更明顯效果。但是，對 20 歲～ 39 歲的年輕族群，則效果較低些。

**圖 47-5** 電視廣告對哪個族群較有效

① 對 40 歲～ 70 歲 　壯、中、老年族群較有效果

② 對 20 歲～ 39 歲 　年輕族群較無效果

**問題研討**

1. 請說明現在電視廣告費用計價的最主要方法為何？其涵義為何？
2. 目前，在最主要的新聞臺及綜合臺，其 CPRP 計價大約在多少區間？
3. 請說明 GRP 的涵義為何？
4. 電視廣告的功效在哪裡？請說明之。
5. 電視廣告對哪個年齡層族群較有效果？

# 第 48 堂課：媒體企劃與媒體購買

## 一、媒體企劃的意義

係指媒體代理商依照品牌廠商的行銷預算，規劃出最適當的媒體組合 (Media Mix)，以有效達成品牌廠商的行銷目標，為品牌廠商創造最大媒體效益。

媒體企劃之英文為：Media Planning。

**圖 48-1　媒體企劃的意義**

媒體企劃
Media Planning

依照廠商的行銷預算，規劃出最適當的媒體組合及媒體露出，以有效達成廠商的行銷目的！為廠商創造最大媒體效益

## 二、媒體購買的意義

係指媒體代理商，依照品牌廠商所同意的媒體企劃案，以最優惠價格向各媒體公司購買好所欲刊播的日期、時段、版面、規格、次數、節目等。

**圖 48-2　媒體代理商的二大功能**

媒體企劃
Media Planning

媒體購買
Media Buying

為品牌廠商提供最佳的、最大的、最有效的媒體廣告曝光及達成廠商所要的行銷目標

### 三、較知名且大型媒體代理商名稱

茲列出國內較知名且大型的媒體代理商，如圖 48-3 所示。

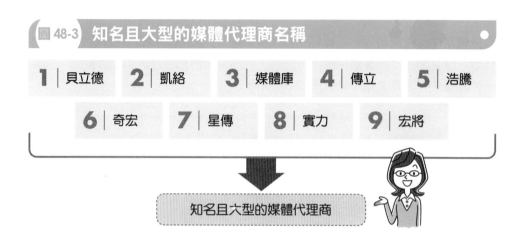

圖 48-3 知名且大型的媒體代理商名稱

| 1 貝立德 | 2 凱絡 | 3 媒體庫 | 4 傳立 | 5 浩騰 |
| 6 奇宏 | 7 星傳 | 8 實力 | 9 宏將 |

知名且大型的媒體代理商

### 四、媒體代理商存在原因

媒體代理商已成為傳播廣告產業界的必要一環；它之可以存在，主要有 2 點原因：

1. 它可以利用媒體採購量大，而降低媒體實際採購的成本。若品牌廠商自己去買媒體時段及版面，其支付的成本費用會較高。
2. 它擁有專業的軟體分析工具及專業人才團隊，這是品牌廠商不易做到的。

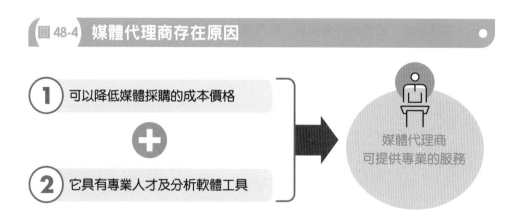

圖 48-4 媒體代理商存在原因

1 可以降低媒體採購的成本價格

＋

2 它具有專業人才及分析軟體工具

媒體代理商可提供專業的服務

## 五、媒體採購的種類

媒體代理商可以提供哪些媒體的企劃與採購呢？如圖 48-5 所示。

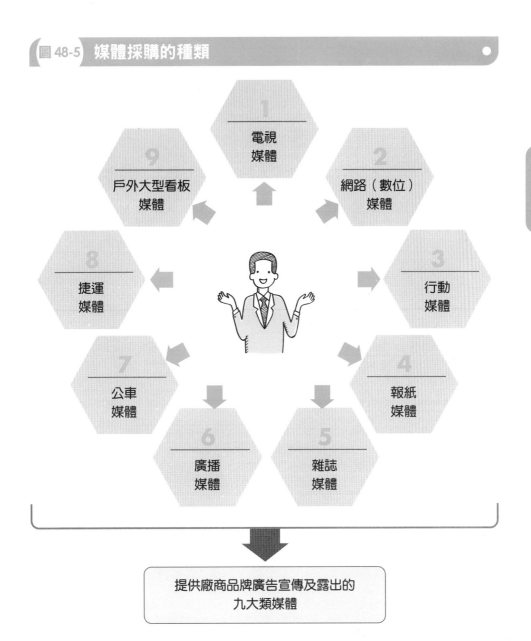

**圖 48-5 媒體採購的種類**

1 電視媒體
2 網路（數位）媒體
3 行動媒體
4 報紙媒體
5 雜誌媒體
6 廣播媒體
7 公車媒體
8 捷運媒體
9 戶外大型看板媒體

提供廠商品牌廣告宣傳及露出的九大類媒體

## 六、媒體企劃 7 步驟

媒體企劃人員在接到一筆品牌廠商的廣告預算時，其媒體企劃的 7 步驟，如圖 48-6 所示。

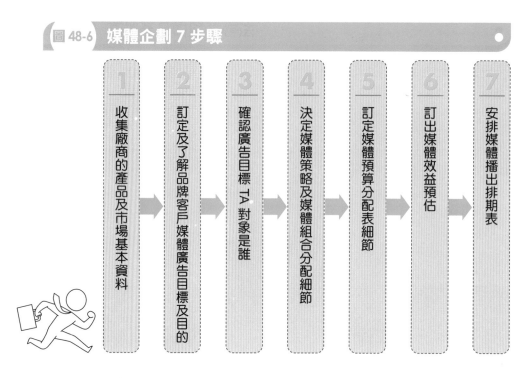

**圖 48-6　媒體企劃 7 步驟**

1. 收集廠商的產品及市場基本資料
2. 訂定及了解品牌客戶媒體廣告目標及目的
3. 確認廣告目標 TA 對象是誰
4. 決定媒體策略及媒體組合分配細節
5. 訂定媒體預算分配表細節
6. 訂出媒體效益預估
7. 安排媒體播出排期表

## 七、媒體企劃人員的應具備條件

做為一個稱職的媒體企劃人員，應具備以下條件；如下圖示：

**圖 48-7　媒體企劃人員條件**

1. 深入了解各媒體能力
2. 對數字敏感與喜歡能力
3. 敏銳與快捷的反應能力
4. 能快速理解各種品牌端客戶的產品及市場訊息
5. 能具有各媒體如何呈現的最佳創意
6. 能掌握消費者對各種媒體接觸的最新趨勢與偏愛

## 八、媒體策略考量點

何謂「媒體策略」(Media Strategy)？主要包括如圖 48-7 所示 7 要項。

**圖 48-8　媒體策略考量 7 要項**

**1**
各媒體的選擇要不要

**2**
媒體組合為何

**3**
各媒體的比重、占比為何

**4**
各媒體的創意呈現為何

**5**
觸及率及頻次多少的策略

**6**
如何有效傳達廣告訊息

**7**
如何有效擊中目標對象

媒體策略思考的重要七大項目

**問題研討**

1. 何謂「媒體企劃」？
2. 何謂「媒體購買」？
3. 請列出至少 5 家知名且大型的媒體代理商公司名稱。
4. 請說明媒體代理商存在的原因為何？
5. 請列出目前媒體採購的媒體種類，主要有哪 9 種？
6. 請列出媒體企劃 7 步驟為何？
7. 請列出媒體策略考量 7 要點為何？

# Chapter 18

# 行銷企劃案撰寫

# 第 49 堂課：行銷企劃案撰寫要點

## 一、行銷企劃案撰寫 10 項思考要點

行銷人員在撰寫行銷企劃案時，必須有 10 項思考要點，如圖 49-1 所示。

**圖 49-1 行銷企劃案撰寫 10 項思考要點 (6W/3H/1E)**

**1 What**
- 做何事
- 有何目標
- 有何任務

**2 Why**
- 為何做此事
- 背後原因為何

**3 Who**
- 誰去做
- 哪個單位負責
- 誰最有執行力

**4 Whom**
- 做的對象是誰

**5 Where**
- 在哪裡做
- 哪些執行範圍

**6 When**
- 何時做
- 時程表如何

**7 How to do**
- 如何做
- 方案如何
- 計劃如何

**8 How much**
- 經費預算多少
- 花多少錢做

**9 How long**
- 多長時間

**10 Effect or Evaluation**
- 效益預期如何

## 二、企劃案思考 5 要項

另外，企劃案思考 5 要項，如圖 49-2 所示。

圖 49-2　企劃案思考 5 要項

人 ➕ 事 ➕ 時

哪些人要做　　　做什麼事　　　什麼時間做

➕ 地 ➕ 物

地點在哪裡　　　現場景物、
　　　　　　　　布置如何

### 三、行銷企劃案撰寫 10 項守則

行銷企劃案撰寫 10 項守則，如圖 49-3 所示。

圖 49-3　行銷企劃案撰寫 10 項守則

| | |
|---|---|
| 1　要有目標性／目的性／任務性 | 6　要有有效性 |
| 2　內容要有完整性，不可缺漏 | 7　要有可行性 |
| 3　要有文字，也要有數字呈現 | 8　要有步驟性及邏輯性 |
| 4　要有效益評估 | 9　要能為品牌資產價值及業績上升加分 |
| 5　要有令人為之一亮的好創意、好點子 | 10　要有成本與效益分析 |

打造出一份完美、可行、會成功的行銷企劃案出來

## 四、好的行銷成果

想要得到每一個好的行銷成果，必須由 3 種成分所組成，如圖 49-4 所示。

圖 49-4 **好的行銷成果由 3 種成分所組成**

**1**
好的企劃力

**+**

**2**
強大的執行力

**+**

**3**
用心的檢討力、改善力、再行動力

**=**

成功的行銷成果

**問題研討**

① 請寫出行銷企劃案撰寫的 10 項思考要點為何？

② 請寫出行銷企劃案撰寫的 10 項守則為何？

# 第 50 堂課：活動企劃案撰寫大綱

## 一、活動企劃案示例

茲列舉如圖 50-1 所示的諸多活動企劃案示例。

### 圖 50-1　活動企劃案示例

| | |
|---|---|
| 1 微風百貨封館秀 | 9 愛馬仕 VIP 晚會活動 |
| 2 SOGO 百貨 VIP 活動 | 10 約翰走路洋酒品酒會 |
| 3 誠品會員日活動 | 11 SK-II 戶外彩妝體驗會 |
| 4 江蕙小巨蛋演唱會 | 12 臺北國際汽車展覽會 |
| 5 台哥大日月潭音樂會 | 13 Panasonic 新品發布會 |
| 6 三星手機體驗會 | 14 LV 春季新品走秀活動 |
| 7 富邦路跑杯活動 | 15 飛柔洗髮精戶外體驗活動 |
| 8 安怡奶粉健走活動 | 16 臺北旅展展覽會 |

## 二、委託公關公司規劃及執行

品牌端想舉辦大型的行銷活動案，經常會委託外面專業且有豐富經驗的公關公司或活動公司來負責規劃及執行，才能成功辦好此類活動。

國內比較具有高知名度及大型的公關集團，主要有三個：

1. 精英公關集團
2. 先勢公關集團
3. 奧美公關集團

## 三、活動企劃案撰寫內容大綱

一份完整的活動企劃案撰寫大綱項目，如圖 50-2 所示。

**圖 50-2　活動企劃案撰寫大綱**

| | | |
|---|---|---|
| **1** 活動目標、目的、任務 | **2** 活動主題及 Slogan | **3** 活動時間、日期 |
| **4** 活動地點及交通 | **5** 活動主辦、協辦、贊助單位 | **6** 活動主持人 |
| **7** 活動的節目流程 | **8** 活動場地布置及燈光音響 | **9** 活動錄影及照相 |
| **10** 活動保全 | **11** 活動組織分工表 | **12** 活動邀請貴賓及公司主管 |
| **13** 活動邀請媒體記者 | **14** 活動經費預算表 | **15** 活動預期效益 |

辦一場成功的活動企劃案

## 四、活動案預算金額

品牌端委外做行銷活動案，其預算金額，大致可區分為三種狀況：

1. **小規模的**：50 萬元預算以內。

2. **中型規模的**：100 萬～ 500 萬元。

3. **大型規模的**：500 萬～ 990 萬元。

4. **超大型規模的**：1,000 萬元以上。

### 五、邀請媒體記者

本活動預計邀請如圖 50-3 所示的四大類媒體記者出席並報導。

**圖 50-3  邀請媒體記者**

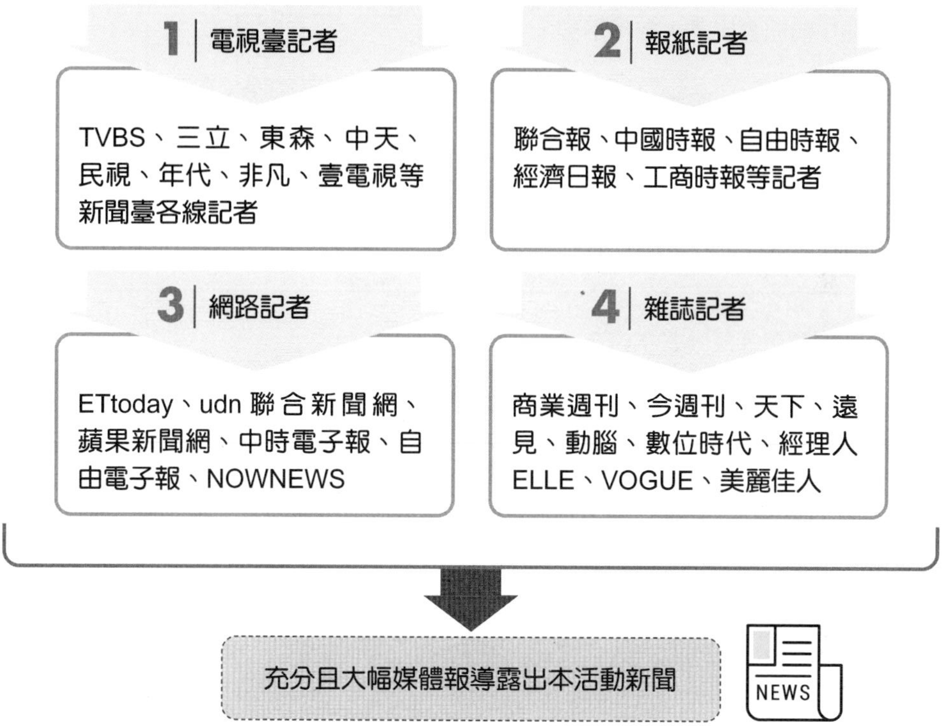

**1│電視臺記者**

TVBS、三立、東森、中天、民視、年代、非凡、壹電視等新聞臺各線記者

**2│報紙記者**

聯合報、中國時報、自由時報、經濟日報、工商時報等記者

**3│網路記者**

ETtoday、udn 聯合新聞網、蘋果新聞網、中時電子報、自由電子報、NOWNEWS

**4│雜誌記者**

商業週刊、今週刊、天下、遠見、動腦、數位時代、經理人ELLE、VOGUE、美麗佳人

充分且大幅媒體報導露出本活動新聞

### 六、活動主持人費用

目前，活動主持人的費用，主要有三類區分：

1. **大牌主持人**：每場要價 20 萬元以上，例如：黃子佼……。
2. **中牌主持人**：每場要價 10 萬～ 20 萬元。
3. **小牌主持人**：每場 3 萬～ 5 萬元。

### 七、事後效益評估

大型活動的事後效益評估，如圖 50-4 所示。

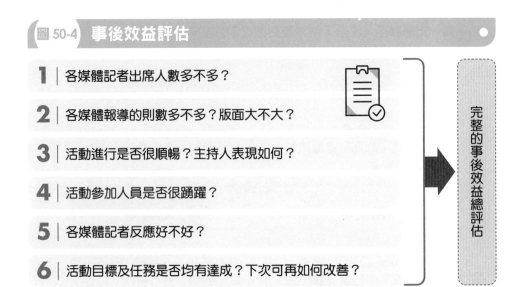

**圖 50-4　事後效益評估**

**1**｜各媒體記者出席人數多不多？

**2**｜各媒體報導的則數多不多？版面大不大？

**3**｜活動進行是否很順暢？主持人表現如何？

**4**｜活動參加人員是否很踴躍？

**5**｜各媒體記者反應好不好？

**6**｜活動目標及任務是否均有達成？下次可再如何改善？

完整的事後效益總評估

### 八、活動結案報告書撰寫

任何一項大、中、小型行銷活動案結束後，必須要求委外公關公司提報活動結案報告書，然後才可以申請給付尾款金額。

此結案報告書內容大綱，應要有下列幾點：

1. 整個活動執行過程的總檢討。

2. 此活動最終達成哪些有形及無形效益？

3. 是否達成當初規劃的目標、目的及任務？

4. 下次再舉辦類似活動時，應注意事項及改進事項？

5. 此類活動，以後是否值得再辦？

## 九、大型活動成功因素

一場大型活動的成功因素，主要要注意如圖 50-5 所示事項。

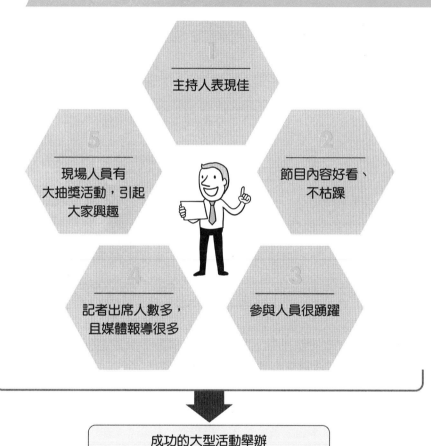

**圖 50-5 大型活動成功因素**

1. 主持人表現佳
2. 節目內容好看、不枯躁
3. 參與人員很踴躍
4. 記者出席人數多，且媒體報導很多
5. 現場人員有大抽獎活動，引起大家興趣

→ 成功的大型活動舉辦

**問題研討**

1. 請列出活動企劃案撰寫內容大綱的 15 項為何？
2. 請列出活動舉辦要邀請哪四大類記者出席？
3. 大型活動的事後效益評估要包括哪些項目？
4. 大型活動舉辦成功的五大因素有哪些？

# 第 51 堂課：記者會企劃

## 一、記者會目的

品牌廠商經常會舉行記者會或發布會，其主要目的，在對新產品、新品牌或新代言人，加以訊息曝光與報導，以打響此新產品、新品牌的知名度及印象度。

圖 51-1 **記者會／發布會目的**

記者會／
發布會目的

使新產品／新品牌曝光，打響其知名度與印象度

## 二、記者會／發布會企劃案撰寫大綱

一份完整的記者會／發布會的企劃案撰寫大綱，應該包括如下項目：

1. 記者會目標、目的、任務。
2. 記者會名稱及 Slogan。
3. 記者會日期、時間。
4. 記者會地點（交通便利處）。
5. 記者會主持人。
6. 記者會邀請貴賓、來賓、公司高階主管、經銷商。
7. 記者會邀請的媒體記者（包括：電視臺、報紙、雜誌、網路新聞）。
8. 記者會現場布置圖示。
9. 記者會進行流程表。
10. 記者會各分工小組。
11. 錄影及拍照。
12. 保全。
13. 經費預算表。
14. 效益預估。

## 圖51-2 記者會／發布會企劃案撰寫項目

| | |
|---|---|
| **1** 記者會目標、目的、任務 | **8** 現場布置圖 |
| **2** 記者會名稱及 Slogan | **9** 記者會進行流程表 |
| **3** 記者會日期、時間 | **10** 各分工小組 |
| **4** 記者會地點 | **11** 錄影及拍照 |
| **5** 記者會主持人 | **12** 保全 |
| **6** 記者會邀請貴賓、來賓、公司高階主管、經銷商 | **13** 經費預算表 |
| **7** 邀請的媒體記者 | **14** 效益預估 |

### 三、記者會事後檢討

記者會舉行完畢後,公司行銷部門應該進行總檢討,包括下列事項:

1. 記者來的總人數及其媒體名稱,要看看主要的主流媒體是否有派記者來現場。
2. 要看看媒體當天及隔天,新聞報導的總則數多少及版面大小如何。
3. 要問問幾位記者們的反應意見如何。他們認為很成功或普通而已。
4. 要檢討主持人當天表現如何。有何改進空間。
5. 要檢討整個記者會進行的順暢度如何。

## 圖 51-3 記者會事後檢討的項目

1 應統計記者來的總人數及其媒體名稱，注意主流媒體來了沒

2 應統計當天及隔天媒體報導的則數多少及版面大小

3 要問問記者們當天記者會辦得如何

4 要檢討主持人當天表現如何

5 要檢討整個記者會進行的順暢度如何

### 問題研討

1. 請列出記者會／發布會舉行的目的為何？
2. 請列出記者會事後檢討的項目包括哪些？

Chapter **19**

# 如何提高銷售業績

第 52 堂課 | 如何提高銷售業績

# 第 52 堂課：如何提高銷售業績

## 一、如何提高銷售業績的公式

銷售業績的公式為：Sales ＝ Q×P ＝銷售量 × 售價。

因此，想要提高銷售業績，只有二條路：一是儘量提高銷售量，二是儘量提高售價。所以，廠商必須思考如何提高銷售量，以及如何提高銷售價格。但是，廠商不太可能經常去調高價格，除非是少數獨占或寡占市場的產品，否則不太容易去調高售價。

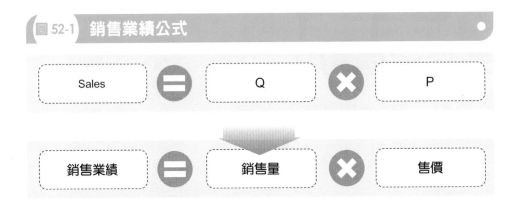

圖 52-1 **銷售業績公式**

| Sales | ＝ | Q | × | P |

| 銷售業績 | ＝ | 銷售量 | × | 售價 |

## 二、如何提高銷售業績 14 招

廠商究竟要如何才能有效的提高銷售量呢？主要有以下作法及努力方向：

1. **加重促銷方案**：在不景氣時期或各品牌激烈競爭的時期，廠商必然要犧牲毛利率及獲利率，加重促銷方案及頻率，唯有加重促銷，才比較有效吸引來客，以拉抬買氣及拉高銷售量。

2. **適度投放促銷型廣告量**：廠商要適度投放廣告量，以「促銷型廣告」搭配，並集中在電視及網路廣告為主力，以強打促銷型廣告，應可拉高銷售量。

3. **用心做好產品品質**：產品品質是產品力的關鍵核心所在，一定要做好產品的高品質及穩定品質，以贏得消費者的信賴感與信任感；所以，廠商必須從技術、原物料、機器設備、人才、研發等各角度著手，確實做出高品質的產品出來。高品質產品將對業績提升，帶來正面效果。

4. **推出新產品**：廠商要拉高業績，有時候僅靠既有產品也是做不到的；唯有適時推出新產品，才有可能有效拉高業績。例如，美國 Apple 公司 10 多

年來，連續推出：iPod、iPhone、iPad、Apple Watch 等多款新產品，支撐其營收不斷向上升高。

5. **改良、升級既有產品**：廠商如果沒有推出新產品，也是要不斷改良及升級既有產品，以維持其生命力及業績提高。例如：美國 iPhone 手機、韓國三星手機、德國 BENZ 賓士汽車、TOYOTA 汽車、光陽機車……等公司，就是不斷改良、改善、升級、精益求精其既有產品線，才能持續提高其營收額及獲利額。

6. **運用最佳代言人**：有時候，在電視廣告上，運用某個藝人做產品代言人，也會帶來成功的業績提升。例如，下面均為代言人成功案例：

(1) 老協珍：郭富城、徐若瑄。　　　(2) 中華電信：金城武。

(3) City Cafe：桂綸鎂。　　　　　(4) 安怡奶粉：張鈞甯。

(5) 好來牙膏：張鈞甯。　　　　　(6) 象印電子鍋：陳美鳳。

(7) 御茶園：林志玲。　　　　　　(8) 日立家電：五月天。

(9) 桂格人參雞精：謝震武。　　　(10) 美國 Crest 牙膏：蔡依林。

(11) 海倫仙度絲：賈靜雯。　　　　(12) 其他藝人等。

7. **努力產品多上架**：產品業績要拉升，在銷售通路面，必須努力做到實體通路及網購通路二者都儘可能上架之目標，以使消費者能夠很方便、很快速的買到此品牌產品。亦即，要努力做到 O2O 及 OMO 虛實融合，線上與線下均有的通路目標。

8. **用心做好第一線及售後服務**：廠商也要從服務面向，確實做好第一線銷售人員的服務及售後維修服務的工作，以快速、貼心、親切、有禮貌、能解決問題的服務態度，來獲得消費者好口碑，自然就能慢慢拉高業績出來。

9. **口碑行銷**：近些年來，口碑行銷變得很重要，它也會影響到業績的穩定及提高。口碑行銷有二種：一是人與人之間的口碑傳播效果；二是社群媒體上的正評、好評之傳播效果。只要廠商把產品做好、把服務做好、把廣告做好、把通路做好，口碑行銷自然就會出來。

10. **做好適當定價**：定價，也是消費者在意及重視的一個要素，產品定價不該有暴利，而是要有高 CP 值感、高物超所值感、高性價比感，如此，消費者才會再回購，回購率就升高了，業績自然也會提高。

11. **發行會員卡**：很多零售業及服務業都有發行會員卡或會員紅利集點卡，以折扣或紅利集點方式，給予會員優惠回饋，養成會員經常性回購的習慣；如此，也能鞏固及提升每年的業績額。此也是有效提高業績的一種行銷作法。

12. **用心經營粉絲團**：現在是自媒體時代來臨，廠商應多用心經營自家的 FB/IG 粉絲專頁，以力求鞏固粉絲們的向心力及黏著度，如此也可使粉絲們會常購買本公司的品牌商品。

13. **體驗行銷活動**：廠商可以在室內或室外，多舉辦幾場產品的體驗活動，讓消費者能夠摸到、看到、聞到、吃到及感受到我們公司的品牌產品，引發其購買的意願。

14. **打造強大品牌力**：最後，就是廠商要長期努力的去打造出強大品牌力，品牌力是任何銷售業績的根基，有了強大品牌力，企業就能有好業績出來。

---

**圖 52-2　提高銷售量 14 招**

| **1** 加重促銷方案 | **2** 適度投放廣告量 | **3** 用心做好產品品質 | **4** 推出新產品 | **5** 改良、升級既有產品 |
|---|---|---|---|---|
| **6** 運用最佳代言人 | **7** 努力產品通路多上架 | **8** 用心做好第一線及售後服務 | **9** 口碑行銷 | **10** 做好適當訂價 |
| **11** 發行會員卡 | **12** 用心經營粉絲團 | **13** 體驗行銷活動 | **14** 打造強大品牌力 | |

- 有效提高銷售業績
- 鞏固年度營收額

**問題研討**

1. 請列出銷售業績的公式為何？
2. 請列出提高銷售業績的 14 招為何？

# Chapter 20

# 損益表與行銷

# 第 53 堂課：損益表與行銷

### 一、損益表的意義

損益表就是指公司每個月是賺錢或虧錢的重要財務報表，也是每個月公司老闆及高階主管必看財報。

**圖 53-1　損益表意義**

每月老闆及高階主管必看的財務報表　➡　每月損益表　➡　了解每月賺錢或虧錢狀況

### 二、損益表的公式

全世界共同通用的損益表公式，如圖 53-2 所示。

**圖 53-2　損益表公式**

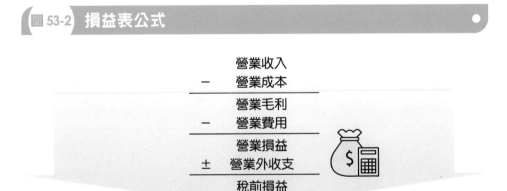

|  | 營業收入 |
| --- | --- |
| － | 營業成本 |
|  | 營業毛利 |
| － | 營業費用 |
|  | 營業損益 |
| ± | 營業外收支 |
|  | 稅前損益 |

### 三、損益表的重要 3 個率

從損益表,有 3 個率最重要,分別是:

1. **毛利率**:毛利率就是指毛的利潤率,它是指營收扣掉製造成本之後的毛利潤。

    其公式為:毛利額／營收額＝毛利率

    毛利率當然愈高愈好,不過一般平均在 30% ～ 40%,但高的也有 50% ～ 60% 之間的,例如台積電、大立光、歐洲名牌精品……等。

2. **營業淨利率**:係指本業的淨利率有多少,它是:收入扣掉成本,再扣掉費用之後,得到本業淨利額或淨利率。

    營業淨利率的公式為:營業淨利額／營業收入額＝營業淨利率

    此比率也是愈高愈好,一般在 5% ～ 15% 之間,不過也有高到 30% ～ 40% 的,例如台積電公司及歐洲名牌精品公司。

3. **稅前淨利率**:係指營業淨利額再加減非營業外收入與支出額,此為真正的獲利額。一般平均的稅前淨利率也在 5% ～ 15% 之間。

    其公式為:稅前淨利額／營業收入額＝稅前淨利率

    此比率也是愈高愈好,代表經營績效佳。

**圖 53-3 損益表的 3 率**

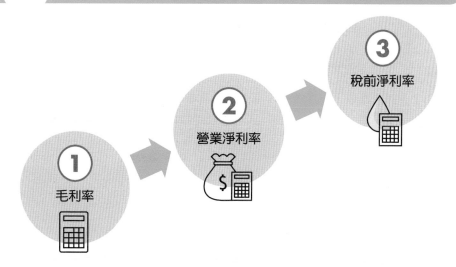

四、從損益表看公司會虧損五大因素

從損益表分析，公司會虧損的五大因素，如圖 53-4 所示。

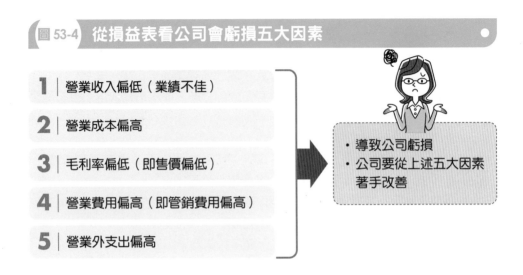

圖 53-4　**從損益表看公司會虧損五大因素**

1 | 營業收入偏低（業績不佳）

2 | 營業成本偏高

3 | 毛利率偏低（即售價偏低）

4 | 營業費用偏高（即管銷費用偏高）

5 | 營業外支出偏高

- 導致公司虧損
- 公司要從上述五大因素著手改善

五、從損益表看公司如何提高獲利額與獲利率

那麼，從損益表看，公司又如何能夠再提高獲利額及獲利率呢？如圖 53-5 所示。

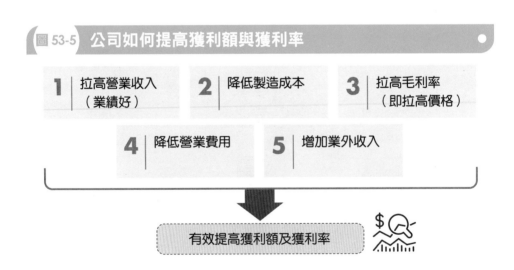

圖 53-5　**公司如何提高獲利額與獲利率**

1 | 拉高營業收入（業績好）

2 | 降低製造成本

3 | 拉高毛利率（即拉高價格）

4 | 降低營業費用

5 | 增加業外收入

有效提高獲利額及獲利率

## 六、如何拉高營業收入

從損益表看，拉高營業收入確係一個重要因素，此可從行銷 4P/1S/1B/2C 等八項要素努力著手強化，如圖 53-6 所示。

**圖 53-6　如何拉高營業收入——從 4P/1S/1B/2C 著手**

**1** 產品力 (Product)
加強產品品質及質感

**2** 定價力 (Price)
定價要有高 CP 值、物超所值感

**3** 通路力 (Place)
通路要虛實通路並進，做好上架陳列

**4** 推廣力 (Promotion)
投入廣告宣傳、媒體報導、促銷、人員銷售團隊

**5** 服務力 (Service)
做好第一線及售後服務

**6** 品牌力 (Branding)
打造強大品牌力，拉高品牌知名度、好感度、信賴度及忠誠度

**7** CSR 企業社會責任
做好對社會的回饋，贊助弱勢，做好環保

**8** CRM 公益經營
做好對會員、對顧客的優惠回饋

有效拉高營業收入

**問題研討**

1. 何謂「損益表」？其公式為何？
2. 請列出損益表的 3 個率為何？
3. 從損益表看，公司會虧損的五大因素為何？
4. 從損益表看，公司如何提高獲利額及獲利率？
5. 請列出何謂行銷 4P/1S/1B/2C 八項組合。

# 第 54 堂課：開源與節流

### 一、開源與節流的重要性

開源與節流，對企業界是非常重要的，因為，如果能夠成功開源或節流，就是可以增加企業的獲利，而獲利是企業經營績效的根本了。

**圖 54-1 開源與節流的重要性**

有效開源與節流

1 | 可以增加企業的獲利能力

2 | 使企業經營績效更好看

### 二、如何開源？如何增加收入之 13 種作法

那麼企業應該如何開源、如何增加收入呢？主要有以下 13 種方法及作法：

1. **改良既有產品**：例如，iPhone 手機，從 iPhone 1 到 iPhone 13，每年都改款、改良產品，不斷延續 iPhone 的生命週期，也創下 iPhone 14 年來的好業績。

2. **開發新產品上市**：很多企業除了改良既有產品外，也不斷開發新產品上市，這樣就帶動了新收入來源了。例如，不少企業定期都推出新車型、新飲料、新家電、新款手機、新款餐廳料理等。這些都帶動了新營收的增加。

3. **多品牌策略**：不少企業推出多品牌策略，使得它的營收也不斷增加成長。例如：
   (1) 王品餐飲集團就有 18 個餐廳品牌。
   (2) 瓦城也有 6 個餐廳品牌。
   (3) 豆府也有 4 個餐廳品牌。
   (4) P&G 同一類型洗髮精中，也有 4 個品牌，例如：潘婷、飛柔、海倫仙度絲、沙萱。
   (5) 萊雅旗下也有 15 個彩妝保養品品牌。

(6) 統一企業茶飲料也有 3 個品牌。例如：麥香、純喫茶、茶裏王。

4. **拓展多元、多樣化產品組合**：當公司規模愈來愈大，它的產品組合也會愈來愈多元化、多樣化、齊全化，使得它的營收及獲利也就跟著擴張及成長。例如：統一企業在食品及飲料是非常完整齊全的；Panasonic 在大小家電產品，也是非常多元齊全的。

5. **開展多角化新事業**：另外，大型企業也會展開多角化新事業的經營，這樣也會增加收入來源。例如：遠東集團、鴻海集團、富邦集團都是採取多角化新事業經營的。

6. **加強廣宣，打造品牌力**：在行銷方面，企業可以加強廣宣投放，加速打造出高知名度及高信賴度的品牌力出來；如此，也可以帶動新營收的增加。

7. **促銷活動**：最快、最有效增加收入來源的方法，就是舉辦促銷活動，很多消費品公司都會配合大零售商的節慶促銷活動，有效拉升業績收入。例如：週年慶、母親節、聖誕節、中秋節、年中慶……等均是。

8. **加強銷售人力團隊**：有些產品，仍要透過第一線銷售人員賣出東西的。例如：各種專櫃、各門市店、各加盟店、各經銷店等，因此必須加強第一線人員的銷售技術及產品知識，如此，亦有助業績收入的增加了。

9. **完善售後服務**：很多家電產品、3C 用品、汽機車等，都常用到售後服務，因此，企業一定要有非常完善、貼心、親切、快速的善後服務制度及人力組織，如此，才能提高企業的好口碑，也才能保持好的業績收入。

10. **社群粉絲經營**：現在是社群時代的來臨，企業要做好官網及 FB、IG 官方粉絲專頁的經營，鞏固好這些粉絲群的黏著度及提高回購率，如此，才能有助業績收入的增加。

11. **庶民經濟，平價供應**：現在是庶民經濟的來臨，絕大部分上班族都是低收入的所得族群，因此，企業最好能以低價、平價供應產品，必會得到消費者好的回應，其業績收入也必會增加。例如：全聯超市、家樂福量販店、momo 網購、COSTCO 量販店等，均是以平價供應給消費者，因此，業績始終年年成長。

12. **推會員卡，鞏固會員**：現在各種零售業及服務業都推出會員卡，以各種優惠及紅利積點回饋給會員們，以鞏固並拉高會員的貢獻度，如此，也可以帶動業績增加。

13. **增加通路據點**：最後，企業也可以透過增加通路據點。例如：增加專櫃點、增加門市店、增加專賣店、增加經銷店、增加大賣場陳列空間，及增加網購點等，也都會顯著帶動業績來源。

**圖 54-2 如何增加業績收入的 13 種作法**

| 1 | 2 | 3 | 4 | 5 | 6 | 7 | 8 | 9 | 10 | 11 | 12 | 13 |
|---|---|---|---|---|---|---|---|---|----|----|----|----|

1. 改良既有產品
2. 開發新產品上市
3. 開展多品牌策略
4. 拓展多元、多樣化產品組合
5. 拓展多角化新事業
6. 加強廣宣，打造出品牌力
7. 舉辦促銷活動
8. 加強銷售人力團隊
9. 完善售後服務
10. 經營社群粉絲
11. 庶民經濟，平價供應
12. 推會員卡，鞏固會員
13. 增加通路據點數量，加強拓店

## 三、如何節流

節流或降低成本 (Cost Down)，主要有三大方向的節流，如圖 54-3 所示。

**圖 54-3 節流三大方向**

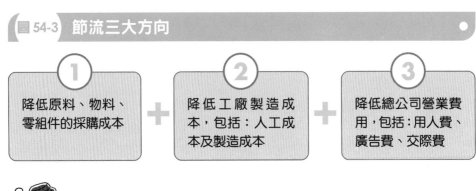

① 降低原料、物料、零組件的採購成本

＋

② 降低工廠製造成本，包括：人工成本及製造成本

＋

③ 降低總公司營業費用，包括：用人費、廣告費、交際費

**問題研討**

1. 請說明開源與節流的重要性何在？
2. 請說明如何開源、如何增加收入的 13 種作法為何？
3. 請說明節流三大方向為何？

# Chapter 21

# 專業公司協助

第 55 堂課　做行銷必須仰賴的 10 種專業公司

# 第 55 堂課：做行銷必須仰賴的 10 種專業公司

## 一、仰賴外部 10 種專業公司協助

做行銷，想要打造品牌力、找藝人／網紅代言、塑造企業形象、投放廣告、擴大媒體報導、製拍電視廣告片 (TVCF)、舉辦大型活動、包裝設計等，並非都是公司內部行銷人員可以獨立完成的，而是必須仰賴外部的專業公司，才可以順利完成及達成目標。

行銷人員必須仰賴外部 10 種專業公司的協助，如下圖示：

圖 55-1　10 種外部專業公司協助

1. 廣告公司
2. 公關與活動公司
3. 媒體代理商
4. 數位行銷公司
5. 網紅經紀公司
6. 設計公司
7. 展覽公司
8. 通路陳列公司
9. 市調公司
10. 贈品公司

## 二、專業公司協助內容

這 10 種外部專業公司的協助內容，如下簡述：

### (一) 廣告公司

1. 負責電視廣告片及平面廣告稿、戶外廣告稿的創意發想及影片製作等工作。
2. 希望能製作出每一支叫好又叫座的電視廣告片及平面廣告稿，以提升對該品牌的印象度及好感度。
3. 國內比較知名的廣告公司有：李奧貝納、奧美、偉門智威、宏將、我是大衛、ADK TAIWAN、BBDO 黃禾、台灣電通、電通國華、陽獅、台灣博報堂、靈智、台灣邁肯、雪芃、太笈策略、聯廣、博上、偉太、華得、彥星等。

## 圖 55-2 國內較知名、大型廣告公司

| | | | | |
|---|---|---|---|---|
| **1**<br>李奧貝納 | **2**<br>奧美 | **3**<br>台灣電通 | **4**<br>電通國華 | **5**<br>偉門智威 |
| **6**<br>陽獅 | **7**<br>宏將 | **8**<br>我是大衛 | **9**<br>BBDO 黃禾 | **10**<br>台灣邁肯 |
| **11**<br>台灣博報堂 | **12**<br>雪芃 | **13**<br>太笈策略 | **14**<br>靈智 | **15**<br>聯廣 |
| **16**<br>博上 | **17**<br>偉太 | **18**<br>華得 | **19**<br>彥星 | **20**<br>ADK TAIWAN |

( 二 ) 公關公司

1. 負責品牌客戶的記者會、新聞稿發布、體驗活動、媒體記者聯繫、危機處理、公益形象塑造、各界機構的溝通及聯絡等工作。

2. 國內比較知名的公關集團，主要有三大：

   一是精英公關集團；

   二是先勢公關集團；

   三是奧美公關集團。

3. 列示各主力公關公司如下：

   戰國策、先勢、奧美、世紀奧美、雙向明思力、達豐、高誠、格治、先擎、精英、經典、楷模、精采、經湛、精準、精萃、精鍊、天擎、聯太等。

**圖 55-3　國內較知名且大型公關與活動公司**

| 1 戰國策 | 2 精英 | 3 奧美 |
|---|---|---|
| 4 世紀奧美 | 5 雙向明思力 | 6 先勢 |
| 7 精采 | 8 經湛 | 9 楷模 |
| 10 精準 | 11 精萃 | 12 精鍊 |
| 13 聯太 | 14 天擎 | 15 高誠 |
| 16 格治 | | |

(三) 媒體代理商

1. 媒體代理商主要負責品牌端客戶，對廣告投放的媒體企劃及媒體採購，也就是品牌端客戶每年都有一筆為數幾千萬到幾億的廣告投放金額，媒體代理商如何有成效的加以媒體組合及媒體購買，而達到最佳的行銷 ROI（投資效益），以對品牌力及業績力都帶來明顯的助益。

2. 目前國內較知名且大型的主要媒體代理商有：貝立德、凱絡、媒體庫、傳立、浩騰、奇宏、實力、星傳、宏將、博崍、喜思競力、偉視捷公司等。

**圖 55-4　國內較知名且大型的主力媒體代理商**

| 1 貝立德 | 2 凱絡 | 3 媒體庫 |
|---|---|---|
| 4 傳立 | 5 浩騰 | 6 奇宏 |
| 7 實力 | 8 星傳 | 9 偉視捷 |
| 10 宏將 | 11 博崍 | 12 喜思 |

(四) 數位行銷公司

1. 由於近幾年數位媒體的大幅崛起及普及應用，使得數位行銷有大幅成長，而且成為品牌端客戶必須重視與投放廣告的重要媒體之一。數位行銷公司主要協助品牌端客戶如下工作：

- ・數位廣告、社群廣告投放。　・企業官方粉絲團營運。
- ・關鍵字搜尋廣告投放。　　　・部落客、網紅行銷規劃及執行。
- ・口碑廣告宣傳。　　　　　　・企業官網製作及維護。
- ・網路活動規劃及執行。

2. 國內較知名且大型的數位行銷公司，包括：聖洋科技、域動行銷、宇匯、不來梅、沛星互動、安納特、艾普特、達摩、摩奇創意、久騰、精準數位、奇禾互動、安索帕、傑思愛德威、麥肯數位、米蘭營銷、橘子磨坊、奧美、未來方案、統一數網、成果行銷、學而數位行銷、春樹科技、台北數位、聯樂數位、網路基因公司等。

**圖 55-5 國內較知名數位行銷公司**

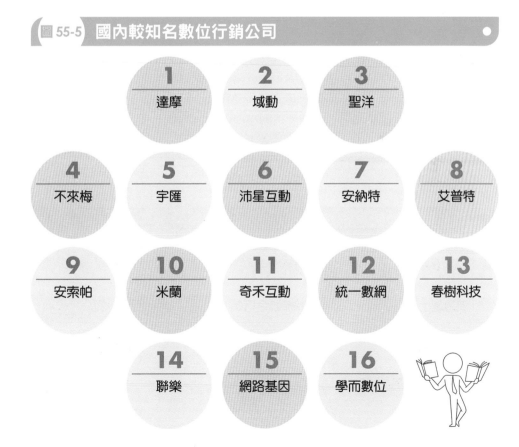

| | | |
|---|---|---|
| **1** 達摩 | **2** 域動 | **3** 聖洋 |
| **4** 不來梅 | **5** 宇匯 | **6** 沛星互動 |
| **7** 安納特 | **8** 艾普特 | |
| **9** 安索帕 | **10** 米蘭 | **11** 奇禾互動 |
| **12** 統一數網 | **13** 春樹科技 | |
| **14** 聯樂 | **15** 網路基因 | **16** 學而數位 |

**(五) 網紅經紀公司**

1. 由於近幾年來,網紅 (KOL) 行銷的崛起,網紅成為品牌端客戶在廣告宣傳上有效果的代言人,因此,使得專做網紅行銷的專業經紀公司出現、崛起。這些網紅經紀公司就是協助品牌端客戶找到及媒合適當、適合的 KOL 網紅,並且協助進行網紅行銷專案規劃工作,以使產生好的行銷成效。

2. 目前,比較知名且大型的專業網紅經紀公司有:愛卡拉 (ikala) 公司、PressPlay 公司。

**圖 55-6　比較知名的網紅 KOL 經紀公司**

　愛卡拉 (ikala) 公司　　PressPlay 公司

**(六) 市調公司**

1. 品牌端客戶在執行行銷過程中,也經常必須借助專業市調公司公正客觀的市調科學數據,以協助他們解決行銷問題、訂定行銷決策與行銷策略。

2. 目前,國內比較知名且大型的市調公司,包括:凱度 (Kantar)、易普索、尼爾森、上華、山水民調、東方線上、鼎鼎聯合行銷、捷孚凱 (GFK)、靈智精實市調、全方位民調、世新大學民調中心等。

**圖 55-7　國內較知名市調公司**

| 1 凱度 (Kantar) | 2 易普索 | 3 尼爾森 |
|---|---|---|
| 4 東方線上 | 5 鼎鼎聯合行銷 | 6 山水民調 |
| 7 全方位民調 | 8 捷孚凱 | 9 靈智精實 |
| 10 世新大學民調中心 | 11 蓋洛普 | |

**(七)展覽公司**

1. 做行銷，每年度也經常要參加貿協舉辦的各項展覽會，例如比較知名的：汽車展、旅展、手遊展、電腦展、3C展、書展、加盟展、自行車展等，這使得國內知名的品牌端客戶都必須參展，以保持一定的展覽曝光度及拉升業績量。

2. 國內比較知名的會展公司主要有：上聯國際展覽、光洋波斯特、安益、歐立利、開國、台灣筆克、可堤行銷設計等公司。

**圖 55-8 國內較知名會展公司**

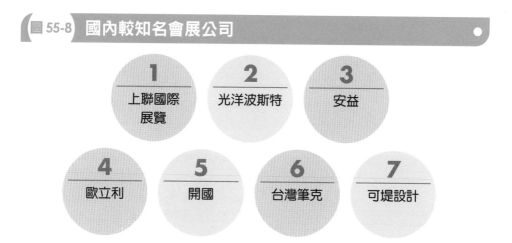

| 1 上聯國際展覽 | 2 光洋波斯特 | 3 安益 |
| 4 歐立利 | 5 開國 | 6 台灣筆克 | 7 可堤設計 |

# Chapter **22**

# 明年度行銷計劃書擬訂

第 56 堂課　如何擬訂明年度行銷計劃書

## 第 56 堂課：如何擬訂明年度行銷計劃書

### 一、擬訂時間點

　　一般中大型品牌公司都會在每年年底約 12 月分，即要擬訂下年度（明年度）的行銷計劃書，以做為該品牌的年度行銷指引方針及績效考核目標，因此，必須慎重對待。

**圖 56-1 明年度行銷計劃書研訂時間**

每年12月底制定好
「明年度行銷計劃書」！

### 二、行銷計劃書大綱項目

　　一份完整的「明年度行銷計劃書」，其大綱項目，應包括如下：

(一) 今年度行銷操作及行銷績效總檢討回顧。

(二) 明年度行銷環境變化與趨勢分析說明

　　1. 環境變化。

　　2. 趨勢走向。

　　3. 市場新商機。

　　4. 市場新威脅。

(三) 明年度本品牌行銷目標與行銷任務

　　1. 市占率目標。

　　2. 年營收（業績）目標。

　　3. 年獲利目標。

　　4. 品牌力目標。

　　5. 顧客滿意度目標。

　　6. 經銷商、零售商滿意度目標。

7. 企業社會責任與企業形象目標。

(四) 明年度本品牌行銷主軸策略與行銷總方針指引訂定。

(五) 明年度本品牌行銷營運 4P/1S/1B/2C 計劃訂定

　　1. Product：產品計劃說明。

　　2. Price：定價計劃說明。

　　3. Place：通路計劃說明。

　　4. Promotion：推廣宣傳計劃說明。

　　5. Service：服務計劃說明。

　　6. Branding：品牌力提升計劃說明。

　　7. CSR：企業社會責任、公益行銷計劃說明。

　　8. CRM：顧客關係管理（會員經營）計劃說明。

(六) 明年度行銷（廣宣）預算說明

　　1. 明年度廣宣投放總預算及計劃說明。

　　2. 明年度行銷活動舉辦總預算及計劃說明。

(七) 明年度損益表數據預估

　　1. 年營收及成長率預估。

　　2. 年獲利及成長率預估。

(八) 明年度行銷重大事項時程表。

(九) 總結論。

(十) 討論與裁示。

**圖 56-2　明年度本品牌行銷目標擬定**

| | |
|---|---|
| 1 市占率目標 | 5 顧客滿意度目標 |
| 2 年營收目標 | 6 經銷商、零售商滿意度目標 |
| 3 年獲利目標 | 7 企業社會責任及企業形象目標 |
| 4 品牌力目標 | |

**圖 56-3　明年度本品牌行銷 4P/1S/1B/2C 計劃說明**

| 1 | 2 | 3 | 4 | 5 | 6 | 7 | 8 |
|---|---|---|---|---|---|---|---|
| 產品計劃 | 定價計劃 | 通路計劃 | 推廣宣傳計劃 | 服務計劃 | 品牌力提升計劃 | 企業社會責任計劃 | 顧客關係管理計劃 |

### 三、明年度本品牌行銷檢討會議

1. 每週：召開一次「行銷週會」。
2. 每月 30 日：召開一次「行銷擴大月會」。
3. 每季：召開一次「行銷擴大季會」。
4. 每年 12 月底：召開一次「行銷擴大總結年會」。

**圖 56-4　行銷檢討會議**

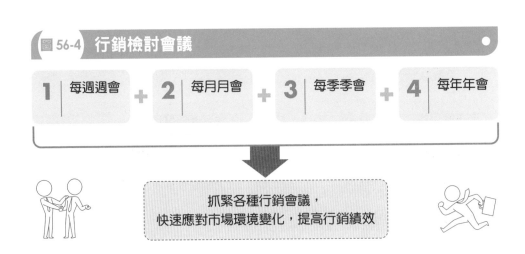

| 1 每週週會 | + | 2 每月月會 | + | 3 每季季會 | + | 4 每年年會 |
|---|---|---|---|---|---|---|

抓緊各種行銷會議，
快速應對市場環境變化，提高行銷績效

## 四、做好明年度行銷計劃書的 13 項黃金守則

1. 要快速應變。
2. 要布局未來。
3. 要創新改變。
4. 要提高附加價值。
5. 要持續累積品牌信任與忠誠的資產價值。
6. 要研發、技術保持領先。
7. 要鞏固顧客回購率。
8. 要擴大廣告投放聲量。
9. 要傾聽顧客聲音,快速回應顧客需求。
10. 要不斷改良、升級加值產品力。
11. 要更提高顧客滿意度。
12. 要擴大虛實通路上架力（做好 OMO 全通路行銷）。
13. 行銷＋業務人員要團隊合作、齊心協力。

**圖 56-5  行銷計劃書的 13 項黃金守則**

| | | | |
|---|---|---|---|
| **1** | 要快速應變 | **8** | 要擴大廣告投放聲量 |
| **2** | 要布局未來 | **9** | 要傾聽顧客聲音及快速回應需求 |
| **3** | 要創新改變 | **10** | 要不斷改良、升級、加值產品力 |
| **4** | 要提高附加價值 | **11** | 要更提高顧客滿意度 |
| **5** | 要累積品牌資產價值 | **12** | 要擴大虛實通路上架力 (OMO) |
| **6** | 要研發、技術領先 | **13** | 行銷＋業務人員要團隊合作 |
| **7** | 要鞏固顧客回購率 | | |

## 五、做好行銷計劃書協調單位

要做好明年度行銷計劃書，行銷部門必須與下列單位，做好溝通協調及討論共識的工作：

1. 商品開發部（研發部）。
2. 業務部（營業部）。
3. 製造部。
4. 品管部。
5. 物流部。
6. 客服中心。
7. 會員部。

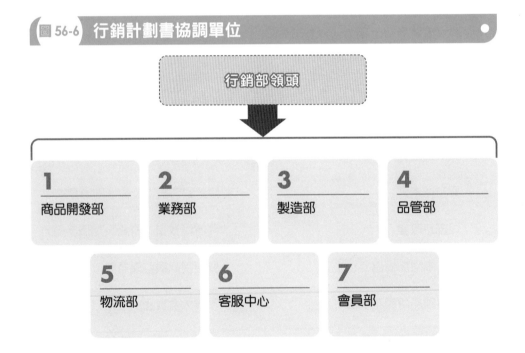

圖 56-6　行銷計劃書協調單位

行銷部領頭

| 1 商品開發部 | 2 業務部 | 3 製造部 | 4 品管部 |

| 5 物流部 | 6 客服中心 | 7 會員部 |

# Chapter 23

# 多品牌策略

第 57 堂課　成功的多品牌策略

# 第 57 堂課：成功的多品牌策略

## 一、多品牌策略的成功案例

企業在行銷上採取多品牌策略成功的案例非常多，例如：

### (一) 消費品業

1. 統一企業茶飲料：茶裏王、麥香茶、純喫茶、濃韻。
2. P&G 洗髮精：飛柔、潘婷、海倫仙度絲、沙宣。
3. 聯合利華洗髮精：多芬 (Dove)、LUX（麗仕）、mod's hair 等。
4. 統一企業泡麵：來一客、滿漢大餐、科學麵、統一麵。
5. 永豐實業的衛生紙：五月花、春風、柔情品牌。

### (二) 服務業

1. 王品餐飲：王品、西堤、陶板屋、石二鍋、夏慕尼等。
2. 瓦城餐飲：瓦城、大心等。
3. 其他：豆府餐飲、饗食餐飲、欣葉餐飲等。

均是採取多品牌策略。

---

**圖 57-1　採取多品牌策略成功的企業**

| 1 統一企業 | 2 P&G 企業 | 3 聯合利華企業 |
|---|---|---|
| 4 王品餐飲 | 5 瓦城餐飲 | 6 豆府餐飲 |
| 7 饗食餐飲 | 8 欣葉餐飲 | 9 TOYOTA 汽車 |
| 10 光陽機車 | 11 永豐實業（衛生紙） | |

---

## 二、多品牌策略的優點、好處

採取多品牌策略，可具有下列優點及好處：

1. 可以分散單一品牌風險。
2. 可以創造更多營收額及更多獲利。
3. 可以搶占更多零售店陳列空間及位置。

4. 可以爭取更多不同的區隔市場及目標客群。

5. 可以培養更多年輕的品牌經理人員。

圖 57-2 多品牌策略的好處及優點

1 可以分散單一品牌風險

2 可以創造更多營收額及獲利額

3 可以搶占更多零售店陳列空間及位置

4 可以爭取更多不同的目標客群及市場

5 可以培養更多年輕的品牌經理人員

三、採取多品牌策略的注意點及避免點

採取多品牌策略應注意幾點。

1. 品牌定位要有不同，不能同一個定位，各品牌定位要有區別、要有不同。

2. 品牌鎖定的目標客群，也要有所不同，不能同一個客群，以避免相互分食同一市場。

圖 57-3 多品牌策略的注意點

①
各品牌定位、
訴求點要有所
不同

②
各品牌的目標客群
要有所不同

· 勿分食同一個市場
· 要拓展更大的市場大餅

# 成功行銷人員應具備的知識、能力與人脈

## 一、行銷人員應具備 15 種知識學問

經過多年的歷練及觀察，我認為一位成功的行銷人員，基本上他應該具備 15 種的行銷知識與學問，如圖 58-1。

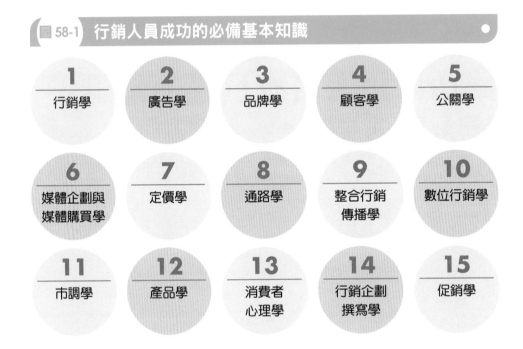

圖 58-1 行銷人員成功的必備基本知識

| | | | | |
|---|---|---|---|---|
| **1** 行銷學 | **2** 廣告學 | **3** 品牌學 | **4** 顧客學 | **5** 公關學 |
| **6** 媒體企劃與媒體購買學 | **7** 定價學 | **8** 通路學 | **9** 整合行銷傳播學 | **10** 數位行銷學 |
| **11** 市調學 | **12** 產品學 | **13** 消費者心理學 | **14** 行銷企劃撰寫學 | **15** 促銷學 |

## 二、行銷人員應具備的 15 種能力 (capability)

成功的行銷人員，除了上述的基本知識外，他還需要擁有在市場上多年實戰歷練下的 15 種能力，才能稱得上是一位成功的、中高階的行銷主管，如下 15 種能力。

1. 撰寫報告的能力。
2. 搜集市場資訊情報的能力。

3. 作出正確行銷決策與行銷判斷力的能力。

4. 對市場變化敏銳的能力。

5. 能快速反應、快速應變的能力。

6. 能有行銷創意與創新的能力。

7. 能與業務部及商品開發部溝通協調與團隊合作的能力。

8. 能對產品與技術了解的能力。

9. 能常赴第一線觀察與了解的能力。

10. 能對媒體及其廣告投放了解的能力。

11. 能對營運數字分析與了解的能力。

12. 能達成公司重要營運目標的能力。

13. 能有外界豐富人脈存摺的能力。

14. 能長時間工作與負荷壓力的能力。

15. 能展現快速執行力的能力。

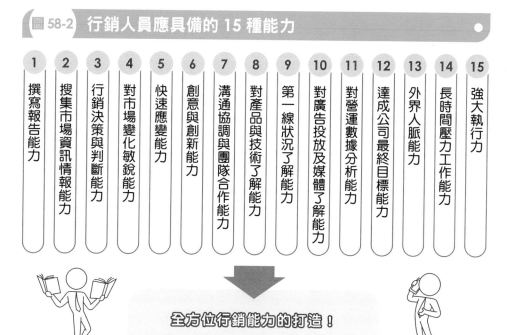

圖 58-2　行銷人員應具備的 15 種能力

| 1 | 2 | 3 | 4 | 5 | 6 | 7 | 8 | 9 | 10 | 11 | 12 | 13 | 14 | 15 |
| 撰寫報告能力 | 搜集市場資訊情報能力 | 行銷決策與判斷能力 | 對市場變化敏銳能力 | 快速應變能力 | 創意與創新能力 | 溝通協調與團隊合作能力 | 對產品與技術了解能力 | 第一線狀況了解能力 | 對廣告投放及媒體了解能力 | 對營運數據分析能力 | 達成公司最終目標能力 | 外界人脈能力 | 長時間壓力工作能力 | 強大執行力 |

全方位行銷能力的打造！

## 三、行銷人員應具備 17 種外部人脈存摺

成功的行銷人員在規劃及執行過程中，經常會遇到一些困難點、問題點、不知點、疑問點等，因此，必須請教外部的專業人員或同業人員，有如圖 58-3 的 17 種外部人脈存摺，必須建立好。

**圖 58-3 成功行銷人員必須具備的 17 種外部人脈存摺對象**

| | | |
|---|---|---|
| **1** 廣告公司人脈 | **2** 公關公司人脈 | **3** 媒體代理商人脈 |
| **4** 經銷商人脈 | **5** 零售商人脈 | **6** 市調公司人脈 |
| **7** 數位行銷公司人脈 | **8** 通路陳列公司人脈 | **9** 大型活動公司人脈 |
| **10** 電視新聞臺記者人脈 | **11** 報社記者人脈 | **12** 雜誌記者人脈 |
| **13** 網路新聞記者人脈 | **14** 競爭對手品牌的人脈 | **15** 設計公司人脈 |
| **16** 會展公司人脈 | **17** 產業界專家人脈 | |

解決我們不了解的問題點！

# Chapter 25

# 銷售人員團隊的戰鬥力培養

第 59 堂課　銷售人員團隊 (sales force) 的戰鬥力養成

# 第 59 堂課：銷售人員團隊 (sales force) 的戰鬥力養成

### 一、很多行業都需要強大的銷售人員團隊 (sales force)

　　事實上做行銷多年後，才會發現公司裡的銷售人員團隊的人數，比行銷人員要多上幾十倍、幾百倍之多，公司的銷售人員團隊經常高達數百人、數千人、數萬人之多。像國泰人壽、南山人壽的業務人員數量就高達二、三萬人之多。

　　比較多需要銷售人力團隊的行業別，包括如下：

1. 彩妝保養品專櫃人員。
2. 汽車經銷店銷售人員。
3. 人壽保險公司業務員。
4. 歐洲名牌專賣店服務人員。
5. 服飾連鎖店服務人員。
6. 銀行理財專員。
7. 電信公司直營門市店服務人員。
8. 3C 及家電連鎖店賣場服務銷售人員。
9. 名牌手錶專賣店服務銷售人員。
10. 房屋仲介公司服務銷售人員。
11. 預售屋現場銷售人員。
12. 直銷公司業務人員。

---

**圖 59-1　需要強大銷售人力的各行業**

| 1 | 彩妝保養品專櫃 | 2 | 汽車經銷店 | 3 | 人壽保險公司 | 4 | 歐洲名牌專賣店 |
| 5 | 服飾連鎖店 | 6 | 銀行理財專員 | 7 | 電信公司直營門市店 | 8 | 3C／家電連鎖店 |
| 9 | 名牌手錶專賣店 | 10 | 房屋仲介公司 | 11 | 預售屋建設公司 | 12 | 直銷公司 |

**需要建立強大銷售人力團隊(sales force)！**

## 二、前端行企人員＋後端銷售人員團隊合作業績達成

一個服務業公司業績的達成，其實是二個主力單位的貢獻，即：前端行銷企劃人員＋後端業務銷售人員的團隊合作。

**前端行企人員＋後端銷售人員團隊合作**

| 前端 | | 後端 |
|---|---|---|
| **行銷企劃人員** | | **業務銷售人員** |
| 負責廣告宣傳、品牌打造、體驗活動、媒體報導、促銷檔期規劃等 |  | 負責現場顧客的接待、解說、服務及銷售工作 |

**公司每月、每年業績的順利達成！**

## 三、培養銷售人力團隊 (sales force) 戰鬥力的 10 個方向

那要如何培養公司的銷售人力團隊的銷售戰鬥力呢？業界作法主要有 10 個方向：

1. 招聘到好品質的銷售人員。
2. 給予吸引人的、超越競爭對手的薪獎制度，包括：較高的底薪＋獎金＋福利誘因。
3. 加強人員的培訓制度，包括：產品訓練＋銷售技巧訓練＋服務訓練＋會員經營訓練＋態度訓練等，五合一訓練。
4. 制訂合理的專櫃、門市店、專賣店人員的管理制度。
5. 制訂公平的績效考核制度。
6. 制訂有激勵性的職級、職務、職稱、薪資的定期升級制度。
7. 定期表揚績優銷售人員。
8. 提高人員對組織的向心力及凝聚力。
9. 降低人員離職率、流動率。
10. 總公司努力提升品牌吸引力及搭配足夠的行銷／促銷優惠檔期活動。

## 圖59-3 培養銷售人力團隊戰鬥力的 10 個方向

1 | 招聘到好品質的銷售人員

2 | 給予吸引人的薪資、獎金、福利誘因

3 | 加強人員教育訓練及專業訓練

4 | 訂定合適的現場人員管理制度

5 | 訂定公平的績效考核制度

6 | 訂定具激勵性的職級、職務、加薪制度

7 | 定期表揚績優銷售人員

8 | 提高人員對組織的向心力及凝聚力

9 | 降低人員離職率

10 | 總公司提供充分的行銷廣宣及促銷優惠檔期

達成每月、每年業績目標數字！

# Chapter 26

# 國內廣告傳播集團介紹

第 60 堂課　國內主力廣告傳播集團介紹

# 第 60 堂課：國內主力廣告傳播集團介紹

## 一、國內主要廣告傳播集團

國內主要廣告傳播集團，計有外商公司及本土公司，如下：

### 圖 60-1 國內外商主力廣告傳播集團

1. WPP 集團
2. 日本電通集團
3. 奧姆尼康集團 (Omnicom)
4. Publicis 集團
5. 日本博報堂集團
6. Havas 集團
7. IPG 集團
8. ADK 集團

### 圖 60-2 國內本土主力廣告傳播集團

1. 宏將集團
2. 精英集團
3. 東方集團
4. 彥星喬商集團
5. 雪芃集團
6. 戰國策集團

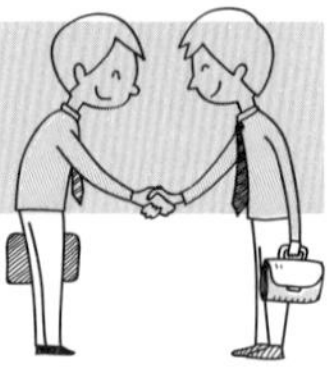

## 二、各廣告傳播集團的主力公司代表

### (一) WPP 集團

1. 台灣奧美集團
   (1) 奧美廣告
   (2) 世紀奧美公關
   (3) 奧美公關
   (4) 我是大衛廣告
   (5) 達彼思廣告
2. 群邑集團
   (1) 傳立媒體代理商
   (2) 媒體庫代理商
   (3) 競立代理商

3. 台灣偉門智威集團
   (1) 偉門智威廣告
   (2) 安捷達數位行銷
4. 凱度公司 (Kantar)
   (1) 凱度洞察
   (2) 凱度消費者指數
   (3) 凱度線上數據

圖 60-3　**WPP 集團**

| 1 台灣奧美集團 | 2 群邑集團 | 3 台灣偉門智威集團 | 4 凱度公司 (Kantar) |
| --- | --- | --- | --- |

### (二) 日本電通集團

1. 台灣電通廣告
2. 電通國華廣告
3. 貝立德媒體代理商
4. 凱絡媒體代理商
5. 偉視捷媒體代理商
6. 安索帕數位行銷
7. 安布思沛數位行銷

### (三) Publicis 集團

1. 陽獅集團
   (1) 星傳媒體代理商
   (2) 實力媒體代理商
2. 李奧貝納集團
   (1) 李奧貝納廣告公司
   (2) 陽獅廣告
   (3) 上奇廣告
   (4) 雙向明思力公關

( 四 ) 奧姆尼康 (Omnicom) 集團
1. 浩騰媒體代理商
2. 奇宏媒體代理商
3. 宏盟數位行銷
4. BBDO 黃禾廣告

( 五 ) 日本博報堂集團
1. 台灣博報堂集團：
台灣博報堂廣告
2. 知達媒體代理商
3. 格威傳媒集團
(1) 聯廣廣告
(2) 聯眾廣告
(3) 聯勤公關
(4) 2008 傳媒媒體代理商
(5) 米蘭營銷
4. 先勢公關集團
5. 光洋波斯特會展公司
6. 安益會展公司

( 六 )Havas 集團
1. 靈智廣告
2. 漢威士媒體代理商
3. 靈智精實整合行銷
4. 方略廣告

( 七 )IPG 集團
1. 邁肯廣告
2. 邁肯行銷傳播
3. 艾比傑媒體代理商

( 八 )ADK 集團
1. 太一廣告
2. 聯旭廣告

( 九 ) 宏將集團
1. 宏將廣告
2. 展將數位行銷
3. 多利安經紀公司

( 十 ) 彥星喬商集團
1. 彥星傳播
2. 喬商廣告
3. 網路基因數位行銷
4. 桑河數位
5. 不來梅數位
6. 奇禾數位整合行銷

( 十一 ) 精英集團
1. 精英公關
2. 經典公關
3. 精采公關
4. 精華公關
5. 精鍊公關
6. 經湛公關
7. 精準數位

( 十二 ) 雪芃集團
1. 雪芃廣告
2. 學而數位

( 十三 ) 東方集團
1. 東方廣告
2. 東方線上
3. 東方快線

# Chapter 27

# KOL/KOC 最新轉向趨勢

第 61 堂課　KOS 銷售型網紅操作大幅崛起

# 第 61 堂課：KOS 銷售型網紅操作大幅崛起

## 一、KOS 的五種類型

近二、三年來，網紅行銷操作的模式已大幅轉向「銷售型」(KOS, Key Opinion Sales) 操作，也是一種「結果型」、「績效型」的操作目的。從實務來看，KOS 操作的類型，主要有五種模式，如下：

### (一) 促購型貼文／短影音

也就是一種貼文＋促銷活動連結網站的方式。

### (二) 團購型貼文／短影音

即是一種限時間、限期限的團購＋折扣的貼文或短影音呈現方式。

### (三) 直播導購

即是一種直播型網紅在每週固定時段的直播＋下訂單帶貨的呈現方式。

### (四) 與實體百貨商場合作促銷帶貨

即是一種網紅與實體百貨公司合作，在某一層樓特賣會上，KOL 或 KOC 本人會出現，以吸引其粉絲們前來實體百貨商場買東西的操作方式。

### (五) 與 KOL 合作推出聯名商品

即是便利商店與知名 KOL 合作，推出聯名鮮食便當或產品。例如：全家與滴妹、古娃娃、千千、金針菇等網紅，合作推出鮮食便當。

## 二、KOS 操作的目的及效益帶動業績力

KOL/KOC 的行銷操作大幅轉向 KOS 操作的原因，主要是中大型品牌廠商認為：他們的品牌知名度／印象度已經很夠了，不需要再借助網紅來帶動「品牌力」，而是要帶動「業績力」。KOS 操作目的及效益有幾點。

1. 為業績銷售帶來具體幫助。
2. 轉向「結果型」、「績效型」、「業型」的網紅行銷操作，才是最有意義、最有效的行銷操作。

## 三、網紅行銷操作三階段：KOL → KOC → KOS

近五年來，網紅行銷的崛起及操，大致可區分為三個階段，如下：

### (一) 第一階段：KOL 階段

此階段就是中大型 KOL 或 YouTuber 網紅崛起，品牌廠商與他們合作貼文

或短影音，主要目的是：推薦產品＋打造品牌知名度及印象度，此階段以提升「品牌力」為目標。

## (二) 第二階段：KOC 階段

第二階段，近二、三年來粉絲數從 3,000 人～1 萬人之間的 KOC 微網紅（素人網紅）大量出現，KOC 總計人數已突破 13 萬人之多，而且他們與粉絲們的信賴度、親和力、互動率則更高。因此，此階段品牌廠商就「與數十位 KOC 一起合作，以『打造品牌力』＋『創造業績銷售』並重模式」操作。

## (三) 第三階段：KOS 階段

近一、二年來，不管是 KOL 或 KOC，品牌廠商全部朝向與他們合作，創造銷售業績為目標，即就是進入了 KOS 階段了。

## 四、品牌廠商想要的三大目的／目標／效益

從實務操作上看，品牌廠商與各領域 KOL/KOC 合作的目的／目標，其實只有三項：

## (一) 打造／提升品牌力

包括提升品牌的高知名度、高印象度、高好感度及高信賴度。

## (二) 吸引新客群

各領域 KOL 或 KOC 都有他們的粉絲群們，這些人可能並不是本公司、本品牌的消費客群，如能透過 KOL/KOC 的推薦及折扣優惠，而能訂購本公司產品，那就是增加了本公司、本品牌的新客群了，這也是重要的一點。

## (三) 創造銷售業績

最後一點，品牌廠商做了這麼多事情，其最終的一個目的，就是希望透過 KOL/KOC 的 KOS 操作，能有效為本公司及本品牌創造出每一波操作的銷售業績出來。

## 五、KOS 操作的「組合策略」

找網紅銷售的組合策略，主要可區分為三種，如下：

## (一) KOL+KOL 策略

即找 2 個～5 個大網紅，分別在不同領域、專業的大網紅，來操作 KOS。

## (二) KOL+KOC 策略

即找一個大網紅，再搭配數十個（10 個～50 個）KOC 微網紅，來操作 KOS。

## (三) KOC 策略

即找數十個 KOC 微網紅，來操作 KOS。例如：每一個 KOC 可賣 100 個商品，

乘上 30 個 KOC，則當週就可賣 3,000 個商品；若乘上 4 週，則每個月就可以賣掉 1.2 萬個商品了。

## 六、如何成功操作 KOS 之 15 個注意要點

品牌廠商在真正專案推動 KOS（網紅銷售）時，應注意做好下列 15 個要點。

### (一) 找到對的 KOL/KOC

做好 KOS，第一個注意點，就是要找到對的、好的、契合的、會有效果的、與粉絲互動率高，且有銷售經驗的 KOL 或 KOC 均可。當然，有的 KOL 或 KOC 是否會銷售，必須嘗試過後才知道。另外，有些 KOL 或 KOC 則已經很有銷售成果或經驗了，我們可以優先找這些對象試試看。這一點，我們也可以找外面專業的網紅經紀公司協助，他們有比較豐富的 KOL/KOC 資料庫，可以較有效率去搜尋。

### (二) 親身使用，具見證效果

KOL/KOC 進行 KOS 之前，一定要自己親身使用過，並覺得產品不錯，才能說出具有見證性、親身使用過的好效果出來。對此產品的功能、好處、優點、使用方法等，都必須讓粉絲們有所感動，並認同網紅們的推薦及銷售，否則會讓粉絲們覺得這只是一場商業性的推銷而已，而不會觸動他們的訂購欲望及動機。

### (三) 足夠促銷優惠誘因

既然是 KOS，那品牌廠商就必須提出足夠的折扣誘因或優惠誘因。例如：全面 6 折優惠價、全面買一送一、滿千送百、滿額贈禮（贈品五選一）、買兩件五折算等。KOS 若沒有足夠促銷真實誘因，恐是很難銷售的。品牌廠商應有如此想法，即不必在意第一次 KOS 因促銷低價沒賺錢或賺很少錢，而是應放眼在：如何增加新的潛在顧客群，以及他們未來的第二次、第三次忠誠回購率的產生好效果。如能達成這樣的目標，那麼第一次 KOS 沒賺錢就值得了。

### (四) 飢餓行銷

KOS 的推動，必須仿效有些電商平臺及電視購物業者，他們經常採取「限時」又「限量」的饑餓行銷模式，以觸動消費者內心趕快下訂的心理作用，而不要讓銷售檔期的時間拖太長、太久。

### (五) 搭配重要節慶、節令進行

推動 KOS，最好能搭配國人所熟悉的節慶、節令進行，例如：週年慶、母親節、春節、中秋節、端午節、聖誕節、情人節、父親節、女人節、兒童節、清明節、開學季、中元節等，其銷售效果會更好一點，因為此節慶期間，消費者的消費購買內心需求及動機會比較高一些，有助 KOS 推動。

## (六) 貼文＋短影音並用

推動 KOS，最好與合作的 KOL/KOC 對象做好溝通，希望他們儘可能採用「靜態貼文＋動態短影音」並用方式，以提高粉絲們有更多樣化的訊息接觸及感受。

## (七) 標題、文案、影音，必須吸引人看

推動 KOS 的貼文及影音，必須特別注意到：它們的主標題、副標題、文案內容、圖片及畫面影音等，均必須以能夠吸引人去看、看完、能產生共鳴、能觸動粉絲們的購買動機與欲望等為最高要求。很多貼文或短影音，不能吸引人去看及看完，且看完後沒有任何感覺，也沒有心動，那就是失敗的貼文及失敗的短影音，整個 KOS 也會失敗的。

## (八) 給予高的分潤拆帳比例

品牌廠商對於 KOL/KOC 在進行 KOS 時，必須注意到，公司應儘可能給KOL/KOC 更高的分潤拆帳比例，以更激勵他們更盡心盡力去撰寫貼文及製作短影音。一般業界實務上的分潤比例是依照銷售總金額的 15%～25% 之間，在此範圍內，品牌廠商應給予合作的 KOL/KOC 有較高比例的分潤可得。例如：可採用階梯式向上的分潤比例。例如：10 萬～20 萬銷售分潤給予 15%；20 萬～30萬銷售分潤給予 20%；30 萬～50 萬銷售分潤給予 25%。

## (九) 觀察品項的銷售狀況

推動 KOS，必須注意到公司哪些品項比較能賣得動、哪些賣不動的狀況，儘量去推動那些賣得動的品項，以求事半功倍。

## (十) 回函感謝

推動 KOS 還必須要注意到，對於每一位下訂單的粉絲們，基於公司的禮貌及態度，必須給予每一位訂購者感謝回函，包括：用手機簡訊或用 Email 傳送等。這些禮貌行動都必須做好、做到位，才會引起粉絲們的好感。

## (十一) 篩選出長期合作夥伴

品牌廠商可以從多次的 KOS 合作中，觀察及篩選出哪些 KOL/KOC 是比較具有戰鬥力及比較有好銷售效果的。這些 KOL/KOC 就可以納為我們公司的長期合作網紅夥伴，公司必須建立這種重要資料庫。

## (十二) 親自到百貨賣場與粉絲見面

有些品牌廠商更是推出在實體百貨賣場的 KOS，藉由粉絲們都想親自看到KOL/KOC 本人，因此，推動這種在百貨賣場的特惠價銷售模式，也可以提高KOS 的銷售業績結果。

**(十三) 邊做、邊修、邊調整，直到最好**

　　KOS 的推動，應該秉持著邊做、邊修正、邊調整、邊改變、直到最好的原則及精神，最後必會成功推動 KOS，為公司增加一個新的銷售業績管道來源。

**(十四) 成立專案小組，專責此事**

　　品牌廠商應該從行銷企劃部及營業部，抽出幾個人專心成立「KOS 推動促進小組」，專心一致、專責此事，才會真正做好 KOS。所以，專責、專人推動 KOS 是很重要的。

**(十五) 把下單粉絲納入會員經營體制內**

　　最後，品牌廠商應該把每一次 KOS 操作的下單粉絲及新客群，納入在公司正式的會員經營體制內，認真對待好這些新會員們。

## 七、KOL/KOC 的收入來源分析

　　KOL/KOC 在操作 KOS 時，主要的收入來源有二種，如下：

**(一) 單次固定收入，包括：**

　　1. 一篇貼文給多少錢。

　　2. 一支短影音製作費給多少錢。

**(二) 分潤拆帳收入**

　　每次／每波段的銷售收入，乘上 15% ～ 25% 的分潤率，即為拆帳收入。

**(三) 代言收入**

　　即代言期間（通常為一年，即年度品牌代言人）給予多少代言人費用。

**(四) 聯名商品收入**

　　即每個月、每季或每半年期間，聯名商品銷售總收入，乘上分潤率，即為分潤總收入。

## 八、對 KOS 專責小組的效益評估指標

　　品牌廠商成立 KOS 推動專責小組之後，每年度必須對此專責小組進行效益評估，而評估的指標項目包括：

**(一) 最終指標**

　　1. 今年內創造多少銷售業績或達成率是多少。

　　2. 今年內增加多少新客群總人數。

　　3. 今年內品牌知名度、印象度、好感度提升多少比率。

**(二) 過程指標**

　　1. 平均每次及年度總觸及人數。

　　2. 平均每次及年度總互動人數、互動率提升多少。

　　3. 平均每次觀看人數及觀看率。

## 九、操作每一次 KOS 的數據化成本／效益評估分析

品牌廠商應該針對每一次的 KOS 操作，提出成本／效益分析，其計算公式如下：

### (一) 費用支出

1. 每篇貼文費用
2. 每支短影音製作費用
3. 每次分潤拆帳費用
4. 專責小組人員薪資費用
5. 產品寄送快遞費用

───────────────

合計：總費用

### (二) 收入

1. 每次訂購總收入。
2. 毛利率。
3. 總收入 × 毛利率＝總毛利額收入。

### (三) 獲利

本次總毛利額收入－本次費用支出＝本次獲利額。

## 十、在 KOS 執行中，邊修、邊改、邊調整的 12 個事項

如前述，KOS 的執行不可能第一次就做得很成功、很完美、得 100 分；相反的，品牌廠商及專責小組，必須在執行過程中，不斷的加以修正、改變及調整，才會愈做愈好，而主要的調整、改善事項，大概有 12 個事項，值得加以留意，包括：

1.KOL/KOC 的個人適合性調整。
2. 產品品項、品類適合性調整。
3. 貼文文案內容及標題的調整。
4. 短影音製拍內容及品質的調整。
5. 優惠價格、優惠折扣的調整。
6. 分潤拆帳比率的激勵性調整。
7. 貼文、短影音上各種社群媒體平臺及時間點合適性調整。
8.KOL/KOC 個人話術表現的調整。
9. 飢餓行銷方式的調整。
10. 搭配促銷節慶、節令檔期的調整。
11.KOL/KOC 操作第二次、第三次的時間輪替調整。
12. 對 KOL/KOC 支付分潤拆帳費用時間的提前調整。

# Chapter 28

# 結語

1. 做行銷，就是要以顧客為核心，堅持做好顧客導向。

2. 做行銷，要永遠走在顧客前面幾步，領先顧客的步伐。

3. 做行銷，就是要解決顧客生活的問題點與痛點，帶給顧客更美好的生活。

4. 做行銷，就是要能夠快速的回應顧客的需求與渴望，快速的滿足他們。

5. 做行銷，就是要站在顧客的觀點及立場，融入他們的生活情境，設身處地為他們著想。

6. 滿足顧客的路途，永遠沒有止盡的一天。

7. 公司能夠存在的根本點，就是在於能夠滿足顧客及創造顧客。

8. 公司可以從很多面向，去實踐落實顧客導向；包括：定期市調、每天查看 POS 資訊系統、聽取第一線人員意見、聽取經銷商意見……等。

9. 行銷人員一定要重視 VOC（Voice of Customer，傾聽顧客聲音），抓住顧客需求及期待，並快速予以滿足及滿意。

10. 公司可以透過市調、POS 資訊系統及舉辦焦點座談會 (FGI)，以聽取顧客的意見、需求、心聲及期待。

11. 任何新產品的開發，一定要做好對「顧客利益點」(Customer Benefit) 的重視及實踐，如此，產品才能賣得好。

12. 顧客利益點，可以區分為物質／功能面及心理面的二種，都要做好。

13. 要贏得市場、要行銷致勝，就是要實踐落實這三部曲，即：發現需求、滿足需求、創造需求。

14. 顧客的需求，不僅是要加以滿足，而且是可以創造出來的。例如：15 年前，美國 Apple 公司的 iPhone 智慧型手機，就是創造需求的最佳案例。

15. Panasonic 臺灣子公司成立「消費者生活研究中心」，專責對消費者潛在需求的研究及發現，並加以應對。

16. 做行銷，能夠創造需求，就是代表能夠創造新的營收及新的利潤出來。

17. 做行銷，就要做好對消費者洞察 (Consumer Insight)，才能發現他們的潛在需求、心理期待及消費行為改變。

18. 做行銷，必須做好對外部環境變化的偵測及分析，然後精準的抓住趨勢變化及抓住新商機。

19. 外部環境的變化，例如：科技、經濟景氣、少子化、老年化、新冠病毒、環保、宅經濟、單身、外帶、外送、庶民經濟、社會文化、通貨膨脹……等，均會對企業帶來不利與有利的影響變化，企業必須快速應變、及早應變與

提早布局。

20. 企業必須定期進行 SWOT 分析，以了解企業自身的行銷優勢及劣勢，以及掌握外部的商機及威脅，才能屹立不搖於市場上。

21. 隨時要盤點自己公司的優劣勢及強弱項，以及發揮企業自己的優勢及強項，才能贏得市場。

22. 定期了解、洞悉環境變化，才能掌握市場新契機。

23. 現在的行銷環境，大眾市場及大眾行銷已經不存在了，現在流行的是分眾市場、小眾市場，其至是縫隙市場了。

24. 小眾市場比較能聚焦，競爭壓力也不算大，比較容易在市場上行銷成功。

25. 做行銷之前，必須先確立好 S-T-P 三件事情，即：

S：先做好區隔市場，主攻哪一個市場。

T：先做好鎖定哪一個目標消費族群，主攻哪一個目標客群。

P：再做好此產品在市場上的定位在哪裡。

26. 做行銷，要成功的九字訣，要永遠記住，即：「求新！求變！求快！求更好！」

27. 「快速應變」已成為面對外部環境巨變的唯一因應法則了。

28. 不管在既有產品改良或新產品開發上市方面，都要切實做到：求新、求變、求快、求更好的四大要求，那產品必能有十足的競爭力。

29. 快速展店，形成經濟規模，就能取得市場上的領先地位。

30. 產品或服務，必須要有高附加價值，然後才會取得高價格條件。有高價格，也才會有高利潤。

31. 有高附加價值，才會讓顧客有物超所值感，也才能為顧客創造價值感、滿足感及滿意感。

32. 高附加價值＝高售價＝高利潤。

33. 技術領先、製程領先、製造設備領先、原物料／零組件等級領先、服務領先、設計領先，就可以產生出更高、更多的附加價值出來。

34. 爭取更多、更高的「回購率」，是一個做行銷工作的最高指標與最核心重點所在。

35. 做好會員經營，增強會員的黏著度、忠誠度及信賴度，就是做好會員的高回購率。

36. 做好產品的「物美價廉」，就是做好了產品力及價格力，顧客就會不斷的再回購。

37. 快速、貼心、親切、能解決問題的售後服務，已變得非常重要的行銷一

環。

38. 產品要能夠不斷的推陳出新，才能滿足一部分消費者「喜新厭舊」的消費行為。

39. 做行銷，就要努力爭取消費者對本公司產品及服務，有正面評價及好的評價，然後，就會有優良口碑行銷傳出，產品購買者及業績，也會持續不斷上升及成長。

40. 做行銷，就是要：堅持高品質、贏得高信賴度，然後就能拉高顧客回購率。

41. 現代企業，已愈來愈重視外在的企業形象及公益形象，唯有做好社會公益，企業才會贏得優良企業形象，也才會贏得社會大眾更多的肯定及更多的好口碑。

42. 現在是社群媒體非常普及的環境，公司必須用心經營與粉絲們的互動，加強粉絲們的黏著度與好感度，公司的產品銷售才能更加鞏固及穩定。

43. 好口碑的三大來源：
人際間的傳播＋社群媒體的正評＋各種媒體正面報導露出＝企業及品牌的好口碑

44. 企業做行銷有時候需要科學化數據做決策參考，因此，必要時，要花錢做一些市場調查，以取得消費者的客觀數據，以利做行銷策略及行銷決策。

45. 市場調查可區分為質化調查及量化調查，兩者可並進使用，以得到更客觀的行銷答案。

46. 焦點座談會 (FGI) 是經常使用的質化市場調查作法。

47. 行銷致勝的全方位八項組合，即是要做好下列八件事情：
(1) Product：做好產品。
(2) Price：做好定價。
(3) Place：做好通路上架。
(4) Promotion：做好推廣宣傳及促銷。
(5) Service：做好服務。
(6) Branding：做好品牌。
(7) CSR：做好企業社會責任。
(8) CRM：做好會員經營。
上述即行銷成功的「4P/1S/1B/2C」八項組合戰鬥力。

48. 打造一個暢銷產品，必須同時做好這五個值：
(1) 高 CP 值（物超所值感）。
(2) 高顏值（高設計感）。

(3) 高 EP 值（高體驗感受）。

(4) 高 TP 值（高信任感受）。

(5) 高品質（高檔、頂級品質）。

49. 做行銷，在策略上，就是要做出差異化策略、獨特化策略、展現自己的獨特銷售主張。如此，才不會陷入一片紅海的低價競爭之中。

50. 新產品持續不斷的開發，可以給消費者新鮮感，也可以取代老舊產品，更可以有效增加營收及獲利。

51. 為了維繫、保住及提高品牌力和品牌資產價值，每年持續性的投放電視廣告經費及網路廣告經費，是必要的一個行動。每年可在年度營收額 1% ～ 6% 之間，做為年度廣告投放預算。

52. 做行銷，首要在爭取顧客的「心占率」(Mind Share)，有了高的「心占率」之後，才會有高的「市占率」(Market Share)。

53. 品牌是具有正面「資產價值」的，因此，做行銷的每一個行動，都必須對品牌資產價值帶來加分。所以，企業要不斷的打造、維繫及提升品牌力。

54. 什麼叫「品牌」的定義？就是消費者對這一個品牌的所有感受、使用、印象及體驗的總合。如果有正面的結果，就是代表對此品牌有良好的印象。

55. 定價，就是成本＋ Value ＝價格；這個 Value 就是指價值（附加價值），只要能做出附加價值更多的產品，此產品的售價，就可以愈高。

56. 做行銷，就是要思考如何從技術面、原物料面、服務面、設計面、品質面等，努力提高此產品更高附加價值的創造為首要任務。

57. 現在，是「庶民經濟」時代的來臨，做行銷的很多思維及考慮，應以「庶民行銷」為根本出發點。

58. 成功的低價行銷或平價行銷，仍必須顧及產品的品質、食安、外觀質感等才會成功。

59. 在開展及訂定每一個新年度的行銷計劃時，都必須做好新年度的「傳播主軸」及「廣告訴求」的重點為何，如此，才會有成功的行銷計劃展開。

60. 投放廣告的真正目的，一個就是要打造及提高品牌力；另一個就是希望提高銷售業績。因此，每年投放大量廣告之後，一定要評估是否對此二大目的達成度如何。

61. 目前，國內主流的投放廣告媒體量，已 80% 集中在電視媒體、數位（網路＋行動）媒體及戶外媒體三者之中；其餘報紙、雜誌、廣播的廣告投放量，只剩下微少的 20%。因此，行銷人員更要對電視、網路及戶外三種媒體的發展及趨勢，有深入的研究及了解。

62.「會員卡行銷」已成為鞏固會員黏著度及提高回購率的行銷策略之一種，值得好好經營，「會員卡行銷」又稱為「忠誠卡行銷」。

63.公司應成立「會員經營部」，以做好會員經營的事務及會員行銷的策劃。

64.「電視冠名贊助廣告」已成為中小企業品牌或較小品牌，打開品牌知名度及印象度的較有效對策作法。

65.廣告金句 (Slogan) 可以彰顯品牌的特色及定位，並吸引消費者的注目。

66.體驗行銷及創造「高 EP 值」體驗活動，已成為重要行銷活動的作法之一，值得企業做好規劃。好的體驗活動舉辦，會帶給顧客美好的體驗感受及對此品牌的好感度。

67.「KOL 大網紅行銷」及「KOC 微網紅行銷」策略，已成為品牌廠商近年來常使用的一種廣告宣傳作法，效果亦佳，值得廠商做好規劃。KOL 大網紅具有廣度效果，而 KOC 微網紅則具有深度效果，兩者可並用之。

68.企業 FB 及 IG 官方粉絲團經營，可以鞏固及黏者粉絲們對品牌的向心力及黏著度，而且也可以做為新產品開發市調的對象。

69.企業 FB 及 IG 官方粉絲團的小編們，必須堅守誠信原則，立即回應粉絲的留言，做好與粉絲的互動，並儘量給他們優惠與好康，與他們成為好朋友。這些都是經營官方粉絲團的重點經營法則。

70.「售後服務」已是產品力的重要一環，顧客也愈來愈重視服務的口碑及服務的滿意度。「服務行銷」已成行銷戰略的一個重點，廠商必須做好售後服務，以贏得顧客好口碑。

71.「促銷活動」已愈做愈頻繁，主因是它對業績的提升，確實帶來好的效果。週年慶、過年春節、母親節、父親節已成為零售業四大促銷檔期活動。促銷活動，確實為行銷操作利器。

72.整合行銷傳播 (IMC)，即是強調以 360 度、全方位、鋪天蓋地、整合型的廣告宣傳與行銷傳播方式，以求觸及到更多消費者目光，達成品牌更大曝光度、品牌印象建立及業績成長之目標。

73.「集點行銷」是零售業經常使用的有效拉抬業績的方法，贈品的選擇是集點行銷成功核心點所在。

74.找到適當合宜的藝人做品牌代言人，具有強烈吸睛效果，可以較快速拉高品牌知名度及好感度，對業績提升，也會帶來一定的效果。

75.近幾年來，已被證明對品牌力提升具有代言效果的知名藝人，包括：蔡依林、張鈞甯、桂綸鎂、金城武、郭富城、劉德華、楊丞琳、林依晨、謝震武、賈靜雯、柯佳嬿、Ella、田馥甄、Selina、陳美鳳、蕭敬騰、盧廣仲、

林心如、吳念真、林志玲、五月天、吳慷仁、許光漢、Janet、Lulu、吳姍儒、白冰冰……等。

76. 「直效行銷」(Direct Marketing) 是指透過 DM 特刊、EDM 電子報、手機簡訊、LINE 群組及打電話方式，將傳播訊息直接傳到消費者本人的手上及眼前的行銷操作方式，其優點是成本較低，但成效卻不差。

77. 店頭（賣場）行銷是「最後一哩行銷」，它是透過在店內或賣場內的廣告宣傳品及廣告製作物特別陳列，以吸引消費者目光，並希望影響到消費者的購買行為。

78. 總合行銷戰力的方程式是：商品力＋店頭力＋品牌力＝總合行銷戰力。

79. 「聯名行銷」是指二家品牌公司，以各自品牌加上別家品牌聯名合作，共同推出雙品牌，以加大品牌聲量，並相互導客，有利於各自品牌的銷售業績。

80. 名牌精品經常採取「旗艦店行銷」，以其奢華裝潢及大坪數，加大品牌氣勢，展現全球化知名品牌力量，以吸引極高所得者的名媛、貴婦、藝人、有錢人、董事長、老闆等 VIP，成為該名牌的忠誠顧客。

81. 國內消費品及耐久性消費，要有業績明顯成長，必須把產品上架到主流的實體零售商及主流的網購電商平臺，如此，才能對消費者產生購物上的最大方便性及便利性。因此，供貨廠商必須與大型連鎖零售商保持緊密與友好的關係，才能上架順利。

82. 現在，大部分的大型零售商，均已朝 O2O 及 OMO 線上與線下融合及全通路的方向走去，以迎合時代的演變與消費者需求的滿足。

83. 國內一年 200 多億元的網路廣告量，其中，90% 主要流向下列網路媒體：
(1) FB，(2) IG，(3) YT，(4) Google 關鍵字，(5) Google 聯播網，
(6) LINE，(7) 新聞網站等。

84. 網路廣告計價方法，最主要有下列 3 種：
(1) CPM 法：每千人次曝光成本之計價。
(2) CPC 法：每次點擊成本之計價。
(3) CPV 法：每次觀看成本之計價。
而上述在實務上的計價區間，大致如下：
(1) 每個 CPM：100 元～ 300 元之間。
(2) 每個 CPC：8 元～ 10 元之間。
(3) 每個 CPV：1 元～ 2 元之間。

85. 網路廣告目標，主要有以下幾項：

(1) 為求曝光數。

(2) 為求點擊數。

(3) 為求觀看數。

(4) 為求轉換率。

(5) 最終，為求提高品牌力。

(6) 最終，為求提高業績力。

86. 公司每年會提撥一定金額，做為行銷部門的廣告宣傳及其他工作之用，以求達成公司品牌及產品品牌的更大曝光度及品牌知名度、好感度與信賴度。此項金額大約數千萬元～數億元之間，看不同品牌需求而定。

87. 行銷（廣告）預算支出，一定要重視花錢的 ROI（投資報酬率、投資效益），一定要把花錢的效益、效果做出來才行。

88. 臺灣電視媒體最有影響力的，就屬有線電視頻道家族，目前，主力的 10 家電視臺，依序包括：三立、東森、TVBS、民視、緯來、中天、福斯、八大、年代、非凡。

89. 目前，有線電視與無線電視的收視率占有率之比為 90%：10%，有線電視有 9 成之高的占有率。

90. 有線電視諸多分眾頻道之中，以新聞臺及綜合臺的收視率為較高，也是吸納電視廣告量最大的 2 種頻道類型。

91. 現在，收看電視節目的觀眾群，主要以 40 歲～ 70 歲的族群為主力；20 歲～ 39 歲族群已不在客廳收看電視了。因此，電視廣告對中、老年人，比較有效果。

92. 電視廣告計價法，以每 10 秒 CPRP 計價法為主要，目前如下：

(1) 新聞臺：CPRP 計價約在 5,000 元～ 7,000 元之間。

(2) 綜合臺：CPRP 計價約在 4,000 元～ 5,000 元之間。

(3) 電影臺：CPRP 計價約在 3,000 元～ 4,000 元之間。

(4) 體育臺：CPRP 計價約在 2,000 元～ 3,000 元之間。

(5) 兒童臺：CPRP 計價約在 1,000 元～ 2,000 元之間。

93. 電視廣告播出，因在全臺約有 500 萬戶家庭可以看到，每天晚上開機率約 90%，因此，電視廣告的廣度效果足夠，對提高產品品牌的廣告曝光度、知名度及好感度，會帶來正面的效果。

94. 國內媒體代理商最主要的工作，就是替品牌廠商做好廣告預算的「媒體企劃」與「媒體採購」工作，使得廠商的廣告預算能夠花在刀口上，產生出好的效果。

95. 國內目前比較大型且知名的媒體代理商有：貝立德、凱絡、媒體庫、傳立、浩騰、奇宏、實力、星傳、宏將等。

96. 國內目前比較大型且知名的廣告公司有：李奧貝納、智威湯遜、奧美、我是大衛、台灣電通、電通國華、麥肯、BBDO 黃禾、宏將、陽獅……等。

97. 撰寫任何行銷企劃案，必須思考到的 10 項要點為：6W/3H/1E，如下：

(1) What（做何事、有何目標／目的）。

(2) Why（為何做此事、背後原因為何）。

(3) Who（誰去做、哪個單位負責、誰最有執行力）。

(4) Whom（對象是誰）。

(5) Where（在哪裡做）。

(6) When（何時做、時程表為何）。

(7) How to do（如何做、方案如何、計劃如何）。

(8) How much（經費預算多少、花多少錢做）。

(9) How long（做多長時間）。

(10) Effect（預期效益如何）。

98. 企劃案思考 5 要項為：人、事、時、地、物。

99. 行銷企劃案撰寫的守則，必須記住：

(1) 企劃案內容要完整性，不可缺漏。

(2) 要有目標性、目的、任務。

(3) 要有成本與效益評估。

(4) 要有可行性。

(5) 要有令人眼睛為之一亮的創意性。

(6) 要有文字描述，也要有數字搭配。

(7) 最終，要為產品品牌、公司形象、業績銷售三者加分才行。

100. 任何記者會、發布會、活動舉辦，都應該做好與各媒體的聯繫，並且拜託各媒體多加出席及多加新聞報導，以使公司及品牌得到更多曝光機會，創造更大 PR-Value（公關報導價值）。

101. 提高銷售業績的公式：

要提高銷售業績的二大方向：

一是提高銷售量，那就是要徹底做好如前述的「行銷 4P/1S/1B/2C」八件大事。

二是提高售價，但要隨時提高售價並不容易，這要考量到市場競爭狀況與消費者接受度。

102. 公司老闆與高階主管，每個月必看的財務報表，就是「損益表」。從每月損益表當中，就可以看出公司為何能賺錢，為何會虧錢，以及未來改善及提高獲利的關鍵方向所在。

103. 在損益表中，有重要的 3 率，分別是：

(1) 毛利率多少。

(2) 本業營業淨利率多少。

(3) 稅前淨利率多少。

公司營運的重點，就是如何改善及不斷提高這 3 率。

104. 公司要提高獲利的二大方向，即：

(1) 開源！儘量增加收入。

(2) 節流！儘量節省成本及費用。

因此，經營企業或行銷業績，要儘量多思考如何：開源＋節流！

105. 日本 7-11 公司今年董事長發出對全體員工的總訓示，只有 2 個重點 6 個字，即：

(1) 顧客。

(2) 因應變化。

日本 7-11 公司董事長認為經營企業及做好行銷，只要掌握上述 2 件大事即可。

```
┌─────────────┐  ┌─────────────┐  ┌─────────────┐  ┌─────────────┐
│（四）做好：   │  │（五）做好：   │  │（六）做好：   │  │（七）做好：   │
│市場調查      │  │VOC（傾聽顧客 │  │消費者洞察    │  │獨特銷售賣點、 │
│(Market Survey)│  │聲音）        │  │(Consumer Insight)│ 主張 (U.S.P.) │
└─────────────┘  └─────────────┘  └─────────────┘  └─────────────┘
```

┌──────────────────────────────────────────────────────────────────┐
| **（一）Customer 顧客**　　 **（二）Competitor**　 **（三）Market** |
| 1.以顧客為中心　　　　　　　 **競爭對手**　　　　 **市場、環境變化及趨勢** |
| 2.快速滿足顧客需求　　＋　　 時時刻刻做好競爭對手　＋　 隨時掌握洞悉、前瞻外部 |
| 3.為顧客創造價值　　　　　　 分析及應變　　　　　　 變化與趨勢 |
| 4.永遠走在顧客前面 |
└──────────────────────────────────────────────────────────────────┘

┌─────────────┐  ┌──────────────────────────────────────────────┐
│（八）做好：   │  │（十二）做好：S-T-P 確立                        │
│差異化、特色化、│  │S：區隔市場、分眾市場、小眾市場、利基市場          │
│獨特化、獨一無二│  │T：鎖定目標客群(TA)                            │
│             │  │P：產品定位、品牌定位、市場定位                  │
└─────────────┘  └──────────────────────────────────────────────┘

┌─────────────┐  ┌──────────────────────────────────────────────┐
│（九）做好：   │  │（十三）做好、做強：行銷 4P/1S/1B/2C 八項組合    │
│創新與創造    │  │1. 產品力（高品質、質感好、推陳出新、不斷革新、升級）│
│             │  │2. 定價力（高CP值、高性價比、物超所值感）         │
└─────────────┘  │3. 通路力（虛實通路上架）                        │
                 │4. 推廣力（廣告力、宣傳力、媒體報導力、促銷力、銷售人│
┌─────────────┐  │   力組織力、公關力、社群粉絲力、口碑力）          │
│（十）做好：   │  │5. 服務力（好口碑、服務快又好）                  │
│價值競爭      │  │6. 品牌力（知名度、喜愛度、信賴度、忠誠度）        │
│（非價格競爭） │  │7. CSR力（企業社會責任力）                      │
│             │  │8. CRM力（會員經營力）                          │
└─────────────┘  └──────────────────────────────────────────────┘

┌─────────────┐  ┌──────────────────┐  ┌──────────────────┐
│（十一）做好：  │  │（十四）足夠：      │  │（十五）做好：      │
│快速應變      │  │行銷預算           │  │行銷策略           │
│（求新、求變、 │  └──────────────────┘  └──────────────────┘
│求快、求更好） │  ┌──────────────────┐  ┌──────────────────┐
│             │  │（十六）每月損益表分 │  │（十七）做好：      │
│             │  │析及各項數據分析     │  │布局未來及超前部署   │
└─────────────┘  └──────────────────┘  └──────────────────┘

Chapter **28** 結語

## ● 三、做好、做強行銷 4P/1S/1B/2C 八項組合完整架構圖示 ●

### (一) 優秀人才團隊

| | | | |
|---|---|---|---|
| ・研發部 | ・商品開發部 | ・採購部 | ・設計部 |
| ・營業部 | ・行銷部 | ・客服部 | ・門市部 |
| ・製造部 | ・物流部 | | |

打造一支快速的、敏銳的、彈性的、進步的、傾聽顧客聲音的、有能力的、超越競爭對手的高績效組織團隊及戰鬥型組織！

▼

### (二) 同時、同步、用心做好做強：行銷 4P/1S/1B/2C 八項組合

**1. 產品力 (product)**
・高品質、好品質、質感好
・不斷推陳出新、開發新產品
・不斷改良、升級產品
・研發領先、技術領先
・品質管控嚴謹
・產品組合完整
・功能強大、好用、耐用

**2. 定價力 (price)**
・高CP值、高性價比
・有物超所值感
・滿足廣大庶民大眾
・有划算感、值得感

**3. 通路力 (place)**
・OMO（虛實通路均能上架）
・方便、快速、24小時買得到
・賣場陳列空間大、位置佳

**4. 推廣力 (promotion)**
・電視及網路廣告做得好
・促銷活動成功
・藝人代言成功
・社群粉絲經營成功
・銷售人力組織強大
・媒體報導多

**5. 服務力 (service)**
快速、完美、貼心、親切、有禮貌、能解決問題、長時間、有口碑的售前／售中／售後服務

**6. 品牌力 (branding)**
・不斷提升品牌知名度、喜愛度、指名度、信賴度、忠誠度、黏著度、情感度
・累積品牌資產價值
・邁向領導品牌之一

**7. CSR （企業社會責任力）**
・注重環保、關懷及贊助社會弱勢
・做好公司治理

**8. CRM （顧客關係管理力）**
・注重會員關係經營
・區別VIP貴賓會員經營
・長期鞏固會員良好關係

▼

### (三) 不斷拉高顧客的滿意度

| | |
|---|---|
| ・快速滿足顧客需求及欲望 | ・掌握顧客變動中及潛在中的需求脈動 |
| ・解決顧客生活痛點 | ・為顧客創造更多價值及利益所在 |
| ・帶給顧客更美好、更健康的生活 | |

1. Customer（顧客）

2. Consumer Insight（消費者洞察）

3. Voice of Customer (VOC)（傾聽顧客聲音）

4. TA (Target Audient)（目標消費客群）

5. S-T-P (Segment Market、TA、Positioning)（區隔市場、鎖定目標客群、產品定位）

6. USP (Unique sale point)（獨特銷售賣點、獨特行銷主張）

7. 行銷 4P/1S/1B/2C (Product、Price、Place、Promotion、Service、Branding、CSR、CRM)（產品力、定價力、通路力、推廣力、服務力、品牌力、企業社會責任力、顧客關係管理力）

8. Marketing Budget（行銷廣宣預算）

9. IMC (Integrated Marketing Communication)（整合行銷傳播）

10. KOL/KOC 行銷 (Key Opinion Leader、Key Opinion Consumer)（網紅行銷、微網紅行銷）

11. OOH/DOOH (Out Of Home Advertising)（戶外廣告／數位戶外廣告）

12. 行銷 ROI (Return On Investment)（行銷廣告效益、行銷投資報酬率）

13. Value Marketing（價值行銷）

14. 3C/1M 分析（Consumer、Competitor、Company、Market 分析）

15. 高 CP 值、高 CV 值、高性價比 (Consumer performance ratio)（物超所值感）

16. Mind share & Market share（心占率和市占率）

17. SP (Sale Promotion)（促銷活動）

18. PR (Public Relations)（公關）

19. Advertising（廣告宣傳）

20. NPD (New Product Development)（新產品開發）

21. Repeat buying（回購率、再購率、回店率）

22. Environment Change & Trend（環境變化與趨勢）

23. Loyalty Marketing（忠誠度行銷）

24. Brand Assets（品牌資產）

25. 高 EP 值 (Experience Performance)（體驗行銷）

26. 高 TP 值 (Trust Performance)（信任行銷）

27. High Quality Marketing（高品質、高質感、高顏值行銷）

28. O2O/OMO (online merge offline)（線下與線上融合、全通路）

29. BU (Business Unit)（利潤中心、事業單位、營運單位）

30. Annual Marketing Plan（年度行銷計畫書）

31. Revenue & profit（營業收入和獲利）

32. Marketing Objective（行銷目標）

33. Marketing Strategy（行銷策略）

34. DTC (Direct to consumer)（直接面對消費者，例如：官網銷售、自媒體／社群媒體宣傳、粉絲經營）

35. TVCF（電視廣告片：10 秒；20 秒；30 秒）

36. CPRP (cost per rating point)（每個收視點數之成本計價，電視廣告計價：每 10 秒 3,000 元～ 7,000 元之內）

37. GRP (Gross rating point)（廣告播出後累積總收視點數，即：此波廣告總聲量、廣告曝光度、平均多少人看過此支廣告片及平均看過幾次）

38. CPM/CPC/CPV（CPM：每千人次曝光成本；CPC：每次點擊成本；CPV：每次觀看成本。即：數位廣告的三種計價法）

39. Media Mix（媒體組合的選擇）

40. Media planning & Media Buying（媒體企劃與媒體購買）

41. Social Media Marketing（社群媒體行銷）

42. FB、IG、YT、Google、LINE（五大主力數位廣告媒體呈現）

43. FGI (Focus Group Interview)（焦點座談會）

44. Market Survey（市場調查）

45. Marketing Innovation（行銷創新）

46. Marketing Implementation（行銷執行力）

47. High Rapid for change（快速應變）

48. Keep new & fresh（保持新鮮）

49. Consumer Need（消費者需求）

50. Create Market（創造市場）

51. Private Brand (PB)（自有品牌）

52. Multi-Brand（多品牌行銷）

53. Celebrity Endorsement（藝人、明星代言行銷）

54. Direct Marketing（直效行銷）

55. Pre-market（先入市場）

56. Product Mix（多元化產品組合）

57. Blind Test（盲測）

58. Home Use Test（居家使用測試）

59. Product Placement（置入行銷）

60. Rating（電視收視率）

61. OTT TV（串流影音平臺、電視）

62. CIS（品牌、商店的識別系統設計）

63. SWOT 分析 (Strength、Weakness、Opportunity、Threat)（公司／品牌／產品的優劣勢分析、強弱項分析及外部環境的商機與威脅分析）

64. Customer-Oriented、Market-Oriented（顧客導向、市場導向）

65. High price/Middle price/Low price strategy（高／中／低價位行銷策略）

66. Finding Customer Need、Meet Customer Need、Create Customer Need（發現需求、滿足需求、創造需求）

67. Influencer Marketing（影響力行銷、網紅行銷）

68. VIP 行銷（特級貴賓行銷）

69. Supporting Company（外部支援公司）

    (1) Advertising Company（廣告公司）

    (2) Media Agency（媒體代理商）

    (3) PR（公關公司）

    (4) Digital Marketing（數位行銷公司）

    (5) Design（設計公司）

(6) Market Survey（市調公司）

(7) Event（大型活動公司）

(8) Channel（通路陳列公司）

70. Publicity（媒體執導／媒體曝光度）

71. Brand Awareness/Likeness（品牌知名度／品牌喜愛度）

72. Differential、Unique、Distinctiveness Strategy（差異化、獨特化、特色化、區別化、獨一無二的行銷策略）

73. CSR+ESG（CSR：企業社會責任；ESG：企業永續經營）

74. Public Welfare Marketing（公益行銷）

75. Co-Brand Marketing（聯名行銷、異業合作行銷、跨品牌行銷合作）

76. Hunger Marketing（飢餓行銷）

77. Collect Point Marketing（集點行銷）

78. POP-up shop Marketing（快閃店行銷）

79. Flagship store Marketing（旗艦店行銷）

80. Sport Marketing（運動行銷）

81. Sponsorship Marketing（贊助行銷）

82. Reward point Marketing（紅利集點卡行銷）

83. DM-Marketing（週年慶 DM 特刊行銷）

84. Buy one get one free Marketing（買一送一行銷）

85. 50% off Marketing（全面五折行銷）

## 五、「實戰行銷學」完整架構（全方位）

| （二）經營與管理面（13項） | （一）六大核心點 | （三）行銷面（33項） | |
|---|---|---|---|
| 1. 推陳出新、與時俱進、歷久彌新 | 1. 顧客需求 | 1. 價值行銷 | 18. 店頭陳列行銷 |
| 2. 不斷創新，才能不斷活下去 | | 2. VOC行銷 | 19. 代言人行銷 |
| 3. 求新、求變、求快、求更好 | | 3. 庶民行銷 | 20. 運動行銷 |
| 4. 立刻判斷、立刻決定、立刻執行 | 2. 市場與環境 | 4. 差異化行銷 | 21. 服務行銷 |
| 5. O-S-P-D-C-A管理六循環 | | 5. 獨特性行銷 | 22. 集點行銷 |
| 6. 抓住變化、布局未來、超前部署 | | 6. 信任行銷 | 23. 旗艦店行銷 |
| 7. 快速、敏捷、彈性應變 | 3. 競爭對手（競品） | 7. USP行銷 | 24. 見證人行銷 |
| 8. 提升價值value-up | | 8. 高CP值行銷 | 25. 促銷行銷 |
| 9. 用心觀察變化與趨勢 | | 9. 高EP值行銷 | 26. 市調行銷 |
| 10. 勇於挑戰，才會成長 | 4. S-T-P | 10. 公益行銷 | 27. 廣告投放行銷 |
| 11. 變化就是機會 | | 11. KOL/KOC行銷 | 28. 品牌年輕化行銷 |
| 12. 速度與彈性 | | 12. 高顏值行銷 | 29. 感動行銷 |
| 13. 不創新，就死亡；不改變，就死亡 | 5. 行銷4P/1S/1B/2C | 13. 創新行銷 | 30. 整合行銷 |
| | | 14. 會員行銷 | 31. 飢餓行銷 |
| | | 15. 口碑行銷 | 32. 驚豔行銷 |
| | 6. 顧客滿意度 | 16. 社群與粉絲行銷 | 33. 紅利點數行銷 |
| | | 17. 聯名行銷 | |

## （四）達成行銷總目標

1. 達成營收額
2. 達成獲利額
3. 提升市占率
4. 打造品牌價值
5. 提高顧客滿意度
6. 善盡企業社會責任

## （五）每月檢討二大重要數據

1. 每月業績達成率
2. 每月損益表狀況

註1

### S-T-P

S：區隔市場、市場區隔 (Segment Market)
T：鎖定目標客群 (Target Audience, TA)
P：產品定位、品牌定位 (Positioning)

註2

### 行銷 4P/1S/1B/2C 八項戰鬥力組合

1. product：產品力
2. price：定價力
3. place：通路力
4. promotion：推廣力
5. service：服務力
6. branding：品牌力
7. CSR：企業社會責任力
8. CRM：會員經營力

**1**
價值行銷

**2**
庶民行銷

**3**
差異化行銷

**4**
獨特性、獨創性行銷

**5**
創新經營、創新行銷

**6**
發現需求→滿足需求→創造需求

**7**
信賴經營、信賴行銷

**8**
與時俱進、推陳出新、歷久彌新

**9**
CS 經營學（顧客滿意經營）

**10**
品牌經營與行銷

**11**
不斷優化產品組合

**12**
創造更美好生活

**13**
會員經營、會員行銷、會員深耕

**14**
抓住變化、超前部署

**15**
應變行銷學

**16**
VOC（傾聽顧客聲音）

Chapter **28**

結語

Chapter **28**

結語

315

**81**

三感行銷：
- exciting（興奮感）
- Amazing（驚豔感）
- Touching（感動感）

**82**

廣告訴求、廣告主張、廣告創意

**83**

解決顧客生活問題點及痛點

**84**

social listening（社群聆聽）

**85**

永續經營與綠色行銷

**86**

物美價廉

**87**

讓顧客信任你，需要什麼都找你

**88**

要跟上時代趨勢

**89**

讓顧客感受到我們都在往好的方向走

**90**

堅持品質做到 100 分

**91**

持續創造價值，才能持續領先

**92**

善盡企業社會責任與公益行銷

**93**

不創新，即死亡；不改變，即死亡

**94**

保持對市場敏銳度

**111**

奢侈品極高價策略行銷

**112**

5% 頂級客群行銷

**113**

- PM：Product Manager（產品經理人）
- BM：Brand Manager（品牌經理人）

**114**

訂定年度行銷戰略與計劃

**115**

行銷終極目標
- 達成營收 · 達成獲利 · 達成市占率 · 達成品牌打造

**116**

品牌價值七個度：

品牌情感度

品牌黏著度

品牌忠誠度

品牌信賴度

品牌指名度

品牌好感度

品牌知名度

**117**

行銷 4P/1S/1B/2C 八項戰鬥力組合
- product（產品力）
- price（定價力）
- place（通路力）
- promotion（推廣力）
- service（服務力）
- branding（品牌力）
- CSR（企業社會責任力）
- CRM（會員經營力）

1. 以顧客需求為中心點，為顧客需求創造更多的滿足、價值及更多的利益。

2. 超越顧客的期待，為顧客創造驚喜感，永遠走在顧客前面幾步。

3. 永遠不能自我滿足，要不斷求進步，追求好還要更好。

4. 做行銷，成功的字訣：求新、求變、求快、求更好。

5. 做行銷，從來沒有 100% 完美行銷決策，凡事必須快速，邊做、邊修、邊改，一直改到最好且成功為止。

6. 站在顧客立場，為顧客解決他們生活上的各項需求及痛點。

7. 永遠要記住，只要顧客生活中有不滿足與不滿意的地方，這就是有新商機的所在。

8. 要追求長期的成功，一定要隨時全面性的檢視行銷 4P/1S，是否同時、同步都做好、做強。（註：行銷 4P/1S，Product 產品力、Price 定價力、Place 通路力、Promotion 推廣力、Service 服務力。）

9. 做行銷，一定要先努力的把品牌力打造出來，有品牌力才有銷售業績力。品牌力包括：品牌的高知名度、高好感度、高指名度、高信賴度，高忠誠度及高黏著度。

10. 做行銷，一定要努力做出產品及服務的差異化、特色化、區隔化及獨一無二性，才能突圍成功。

11. 做行銷，一定要關注顧客滿意度的狀況，一定要做到各方面顧客高滿意度，這樣顧客才會有高的回購率及回店率。

12. 做行銷，最極致與最難的是，如何提高、鞏固及強化顧客對我們家品牌的一生忠誠度，這也是行銷人員努力的終極目標。

13. 做行銷，不必專攻大眾市場，攻分眾市場、小眾市場或縫隙市場，也會有成功的一天。

14. 先追求品牌高的心占率，然後才會有好的市占率。

15. 先把產品力做好、做強、做出競爭力，因為產品力是行銷的根基。

16. 先了解消費者如何認知、如何選購及如何使用產品的行為。

17. 做行銷，要跟著顧客需求而改變，要抓緊顧客變動的節奏，才會成功。

18. 追求產品不斷的改良、升級、進化及創新。

19. 做行銷，要先革自己的命，先跟進自己。

20. 做行銷，永遠要調整、前進、再調整，直到成功為止。

21. 若能快速、精準的切入市場破口，更易成功。

22. 做行銷，必須在成熟市場中，大膽創新。

23. 不斷累積消費者的信任感。

24. 做行銷，也可以專攻小眾市場，搶占利基型市場。

25. 隨時應對市場的變化。要快速向市場學習，這才是常保市場領先的關鍵。

26. 做行銷，必須抓到消費市場的需求及脈動，然後才會創新成功。

27. 做行銷，要了解：品牌就像人的內在及氣質，每一天都要做好。

28. 必須不斷地發現新需求，開發新市場，才會使企業營收及獲利不斷向上成長。

29. 做行銷，不只賣產品，更是賣服務。

30. 聚焦在有成長動能的領域。

31. 快速跟上時代潮流及掌握市場脈動。

32. 提高對市場變化的敏銳度。

33. 做行銷，不要忘了行銷的終極目標，就是要帶給消費者更美好的人生。

34. 好產品＋好行銷＝好業績。

35. 做行銷，要讓消費者有想買的感覺。

36. 儘可能保有先入市場優勢及先發品牌優勢。

37. 做行銷，最成功的就是要長期保有一大群能支撐每年穩固業績的忠誠顧客。

38. 嚴格把關產品及服務的雙品質。因為品質就等於是顧客的信賴感，也是品牌的生命。

39. 必須同時做好「四值」：高 CP 值、高品質、高顏值（設計、包裝值）及高 EP 值（體驗值）。

40. 只要能照顧好顧客，生意自然就會來。

41. 打造品牌力及業績力時，注意做好傳播策略、媒體策略及每一次的傳播主軸。

42. 邀請適當的藝人、醫生、教授、名人及使用見證人，做為代言人廣告，以增強廣告及品牌的說服力、信任感。

43. 必須經常到現場去實戰觀察，才知道對策何在。

44. 必須確保品牌不老化，永保品牌年輕化。

45. 做行銷，一定要努力做出品牌的常勝軍。

46. 必先照顧好老顧客、老會員，再來才是開拓新顧客、新會員。

47. 採取多品牌策略，可使營收及獲利更加成長。

48 做行銷，就在不斷強化顧客的黏著度、信任度及忠誠度。

49. 多接受市場磨練及傾聽顧客意見反應。

50. 永遠保持走在顧客的最前面。

51. 方向錯了就要馬上改過來，直到方向正確。

52. 必須帶給消費者高 CP 值、高 CV 值、高性價比的感受。

53. 必須時時保持必要的廣告曝光度及廣告聲量，避免顧客遺忘品牌。

54. 必須做好對消費者有深度的洞察及熟悉 (Consumer Insight)。

55. 每年必須要有適度的行銷（廣宣）預算投入，才能不斷累積出「品牌資產」的價值出來。

56. 公司必須同步投入研發並技術升級，才會成功。

57. 當公司資源有限時，必須集中資源在主力戰略商品上。

58. 必須用年輕人的語言與年輕人傳播溝通。

59. 做行銷，要考慮到對顧客的利益點 (Benefit) 及新價值感。

60. 必須要不斷錘鍊出強項產品，不斷精益求精。

61. 產品不怕賣貴，就怕沒特點、沒特色。

62. 必須不斷努力鞏固及提升市占率（市占率代表品牌在市場上的地位與排名）。

63. 要不斷地去創新，要大膽去做，走舊路到不了新的地方。

64. 要記住消費者不會永遠滿足，所以永遠要進步。

65. 勇敢追求市場第一名品牌，當成是不可迴避的使命感。

66. 必須定期提供對顧客的促銷優惠誘因，才能持續提高買氣。

67. 隨時保持品牌的新鮮度。

68. 做行銷，必要時，要有詳盡的顧客市調，做為行銷決策的科學基礎。

69. 做行銷、做服務業，對高端顧客要有一對一客製化高檔客服。

70. 做行銷，務必要提高新產品研發及上市成功的精準性。

71. 善用對的代言人做廣告宣傳，必可快速、有效的拉抬品牌知名度及好感度。

72. 小品牌、小企業沒有預算做廣告宣傳，只有從自媒體、社群媒體及口碑行銷做起，逐步慢慢的打出品牌知名度。

73. 在通路上架策略上，一定要努力上架到主流的、大型的、連鎖的實體零售據點，以及電商網購通路去。一定要讓消費者方便的、很快的、就近的買得到產品。

74. 做行銷，一定要體認到服務的重要性。如何提供及時的、快速的、能解決問題的、頂級的、用心的、優質的、令人感動的美好服務。

75. 在定價的策略上，一定要讓消費者有物超所值感，有好口碑，這樣顧客才會回流。

76. 不要忽略了要善盡企業社會責任 (CSR)，若能做好公益行銷，必能對企業形象及品牌形象帶來莫大的潛在助益。

77. 做行銷，必須了解電視廣告的持續性投入是必要的，對品牌力的提升是具有直接實質的幫助，對業績的提升則有間接的助益。

78. 必須先確定品牌定位何在，以及鎖定目標消費族群 (TA)，才能夠持續行銷 4P/1S 計畫。

79. 一定要重視會員經營及會員卡經營，唯有給會員定期的優惠及折扣，才能吸引出會員的高回購率及回店率。

80. 高品質值得高價位。

81. 永遠保持企業永續成長的動能，要不斷有新產品、新品牌、新服務、新市場的持續性推出。不斷成長，才是王道。

82. 必須注意在不同地區要有因地制宜的策略，標準化策略不可一套用到底。

83. 應注意品牌名稱，一定要好記、好念、好傳播，最好在兩個字以內，不得已三個字，四個字以上就太長不適合了。

84. 面對外部激烈的環境變化，必須要快速、有效的回應市場變化。

85. 一定要使顧客有美好的體驗感，故體驗行銷是愈來愈重要，更加值得重視。

86. 一定要記得：滿足顧客需求的路程，永遠不會有終點。我們一定要比顧客還了解顧客，沒有顧客，企業就不存在了、空了。顧客永遠是第一的，一定要把顧客放在利潤之前。

87. 成功的行銷，必將做好五個值：

(1) 高 CP 值。

(2) 高 EP 值（高體驗值）(Experience)。

(3) 高 TP 值（高信任值）(Trust)。

(4) 高顏值（高設計值）。

(5) 高品質。

國家圖書館出版品預行編目（CIP）資料

超圖解行銷管理：61堂必修的行銷學精華 / 戴
國良著. －－二版. －－臺北市：五南圖書出
版股份有限公司, 2024.05
　面；　公分
ISBN 978-626-393-196-1（平裝）
1.CST: 行銷學 2.CST: 行銷管理
496　　　　　　　　　　113003697

1F2H

# 超圖解行銷管理：
# 61堂必修的行銷學精華

作　　　者 ― 戴國良

發 行 人 ― 楊榮川

總 經 理 ― 楊士清

總 編 輯 ― 楊秀麗

副 總 編 輯 ― 侯家嵐

責 任 編 輯 ― 吳瑀芳

文 字 校 對 ― 張淑端

封 面 設 計 ― 姚孝慈

內 文 排 版 ― 張巧儒

出 版 者 ― 五南圖書出版股份有限公司

地　　　址：106臺北市大安區和平東路二段339號4

電　　　話：(02)2705-5066　　傳　　真：(02)2706-61

網　　　址：https://www.wunan.com.tw

電 子 郵 件：wunan@wunan.com.tw

劃 撥 帳 號：01068953

戶　　　名：五南圖書出版股份有限公司

法 律 顧 問：林勝安律師

出 版 日 期：2022年7月初版一刷
　　　　　　　2024年5月二版一刷

定　　　價：新臺幣440元

# 經典永恆‧名著常在

## 五十週年的獻禮——經典名著文庫

五南，五十年了，半個世紀，人生旅程的一大半，走過來了。

思索著，邁向百年的未來歷程，能為知識界、文化學術界作些什麼？

在速食文化的生態下，有什麼值得讓人雋永品味的？

歷代經典‧當今名著，經過時間的洗禮，千錘百鍊，流傳至今，光芒耀人；

不僅使我們能領悟前人的智慧，同時也增深加廣我們思考的深度與視野。

我們決心投入巨資，有計畫的系統梳選，成立「經典名著文庫」，

希望收入古今中外思想性的、充滿睿智與獨見的經典、名著。

這是一項理想性的、永續性的巨大出版工程。

不在意讀者的眾寡，只考慮它的學術價值，力求完整展現先哲思想的軌跡；

為知識界開啟一片智慧之窗，營造一座百花綻放的世界文明公園，

任君遨遊、取菁吸蜜、嘉惠學子！